物理数学
コース

フーリエ解析

井町昌弘
内田伏一 共著

裳華房

FOURIER ANALYSIS

by

MASAHIRO IMACHI

FUICHI UCHIDA

SHOKABO

TOKYO

JCOPY 〈㈳出版者著作権管理機構 委託出版物〉

はじめに

　理工系の学部においては，微分積分と線形代数に続いて，常微分方程式，偏微分方程式，複素関数の微分積分，フーリエ解析 などを学習することが多いものと思う．この方面の教科書・参考書は数多く出版されており，中には，数学の専門家でない立場を積極的に利用して，応用としての数学，科学の言葉としての数学，分かりやすい数学を紹介するという趣旨のテキストも見受けられるが，その大半は数学を専門とする人々によって執筆されている．

　平成3年の大学設置基準の大綱化や平成10年の大学審議会の中間まとめを受けて，各大学はカリキュラムの大幅な見直しを行っている．このような状況にあって，常微分方程式，偏微分方程式，複素関数の微分積分，フーリエ解析 などの授業を行う場合，それぞれ半年間で一区切りがつくように設定されることが多くなっていると思われる．

　そこで，私達は，このような数学を実際に使う立場にある物理学者と，応用数学の専門家ではない数学者が組んで，「物理数学コース」の名のもとに，理工系学部の半年コースの授業に見合った内容の

　　　　　常微分方程式，　　　複素関数の微分積分，
　　　　　偏微分方程式，　　　フーリエ解析

の4分冊に分けたテキストの刊行を企画した．

　実際に授業を担当している物理学者が素原稿を書き，全体の構成や数学的記述については数学者が注文をつけるという方針で臨んだ．このような執筆者の組合せは，このテキストを使う授業担当者が，論理を主とする数学者であれ，応用として数学を使う立場の理工学者であれ，いずれにも比較的なじみやすく感じてもらうには，好都合なもののように思われる．

本書は，『フーリエ解析』に関する分冊である．フーリエ解析は一言でいうと波を数学的に扱う道具である．しかし，フーリエ解析の適用領域が広いのは，一見波ではないような関数も波のようにして扱うことができることによる．フーリエ解析は熱伝導を記述する微分方程式を解くために200年ほど前に，フーリエによって考えられたものである．x, x^2 などの一見波とは関係なさそうな関数が，$\sin x, \cos x$ とその仲間達 $\sin nx, \cos nx$ の和として表せる．これは大変不思議であるが，これがフーリエの示したことである．

フーリエ解析は物理学，工学で必須の道具であるとともに，概念的には一見これらの関数の問題と別の分野であるように見える線形代数，ベクトル空間と極めて密接につながっている．ハイテクと呼ばれる現代技術である電子工学はミクロの電子のふるまいを基礎にして作られており，その裏付けは量子力学によって与えられる．量子論は波の性質を基礎にして記述され，波動方程式を解く問題と密接につながっている．さらにその理論的枠組みは線形代数，ベクトル空間にある．この意味でフーリエ解析，線形代数，偏微分方程式の三者は互いに密接な関係にある．

学生諸君に特に強調したいことは，必ず筆記用具を用意してテキストに書かれていることを式に書いたり，グラフに書いたり，演習問題等を解いたりしてみることです．これを「手を動かす」といって，理解を助ける最善の方法です．学問に王道なしといいますが，手を動かすことが結局は王道なのかもしれません，目と手を動かして脳に刺激を与えることができるからです．

本書の出版に際して，同僚の遠藤龍介氏には有益なコメントをいただき，裳華房編集部の細木周治氏には企画の段階から終始お世話になりました．ここに記して感謝します．

2001年 秋

著　者

目 次

- §1. フーリエ級数 …………………………………………… 2
- §2. フーリエ級数と関数の偶奇性 ………………… 10
- §3. パーセバルの等式，ベッセルの不等式 …… 18
- §4. 複素フーリエ展開 …………………………………… 26
- §5. フーリエ級数と再現性 …………………………… 30
- §6. フーリエ変換 …………………………………………… 36
- §7. デルタ関数(1) ………………………………………… 44
- §8. デルタ関数(2) ………………………………………… 50
- §9. フーリエ変換の例 …………………………………… 58
- §10. フーリエ変換と常微分方程式 ………………… 68
- §11. フーリエ展開と偏微分方程式 ………………… 74
- §12. ラプラス変換 ………………………………………… 82
- §13. ラプラス変換を応用するために ……………… 92
- §14. ラプラス変換による常微分方程式の解 …… 96
- 補足A　ギップスの現象 ……………………………… 104
- 補足B　ディリクレ核，ポアソン和則，
  周期的ガウス関数 ……………………………… 108

- 付　録 ……………………………………………………… 112
- おわりに …………………………………………………… 114
- 練習問題の解答とヒント …………………………… 116
- 索　引 ……………………………………………………… 131

```
                    ┌─────────────┐
                    │ フーリエ解析  │
                    └──────┬──────┘
                     ┌─────┴─────┐
          ┌──────────┴───┐   ┌───┴──────────────┐
          │   線形代数    │   │   偏微分方程式    │
          │  ベクトル空間  │   │ ・熱伝導          │
          └──────────────┘   │ ・波動（電磁波，   │
                             │    量子力学）     │
                             └──────────────────┘
```

　フーリエ解析は熱伝導を記述する微分方程式を解くために 200 年ほど前にフーリエによって考えられたものである．

　フーリエ解析は物理学，工学で必須の道具であるとともに，概念的には一見これらの関数の問題と別の分野であるように見える線形代数，ベクトル空間と極めて密接につながっている．

§1. フーリエ級数

フーリエ級数と三角関数

三角関数は 2π の周期性をもつ．すなわち

(1.1) $$\begin{cases} \cos(x + 2\pi) = \cos x, \\ \sin(x + 2\pi) = \sin x. \end{cases}$$

一般に，関数 $f(x)$ が

(1.2) $$f(x + T) = f(x) \qquad (T > 0)$$

を満たすとき，$f(x)$ を**周期関数**といい，T をその**周期**という．

周期 2π の関数 $f(x + 2\pi) = f(x)$ を考える．このような関数 $f(x)$ の様子の一例を下図に示す．

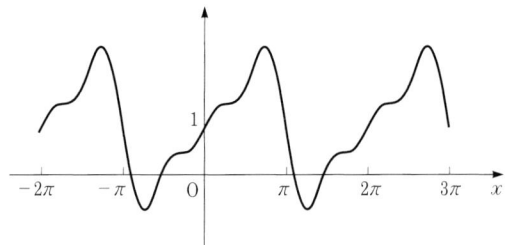

このような関数は，$f(x)$ がある条件を満たせば

(1.3) $$f(x) = \frac{a_0}{2} + a_1 \cos x + a_2 \cos 2x + \cdots \\ + b_1 \sin x + b_2 \sin 2x + \cdots$$

のように三角関数の和に展開することができる．条件についてはこの項目の終わり (p.5) に述べる．

(1.3) の展開の基礎となる関数は

$$
(1.4) \quad \begin{cases} 1, \ \cos x, \ \cos 2x, \ \cos 3x, \ \cdots, \\ \sin x, \ \sin 2x, \ \sin 3x, \ \cdots \end{cases}
$$

であり，これらは三角関数の**基底**と呼ばれる．(1.4) に現れたこれら無限個の関数はすべて周期 2π をもつ．式 (1.3) はまとめて

$$
(1.5) \quad f(x) = \frac{a_0}{2} + \sum_{n=1}^{\infty} (a_n \cos nx + b_n \sin nx)
$$

と書くことができる．これを**フーリエ級数**あるいは**フーリエ展開**という．展開係数 $a_0, a_1, a_2, \cdots, b_1, b_2, \cdots$ は**フーリエ係数**と呼ばれる．この例に現れた関数は連続関数である．

不連続関数はどうであろうか．下の図のような周期 2π をもつ不連続関数もやはりフーリエ級数で表すことができる．

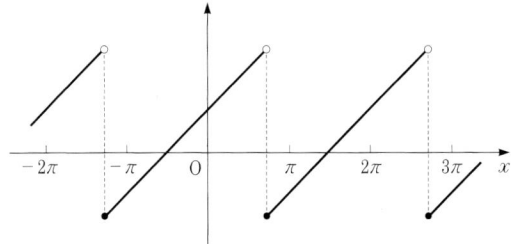

このように関数 $f(x)$ がフーリエ級数で表せるということは，展開係数 $a_0, a_1, a_2, \cdots, b_1, b_2, \cdots$ が $f(x)$ によって**一意的に決まる**ということである．これらは和と積分の順序を変えてよいとすると

$$
(1.6) \quad \begin{cases} a_0 = \dfrac{1}{\pi} \int_{-\pi}^{\pi} f(x) \cdot 1 \ dx, \\ a_n = \dfrac{1}{\pi} \int_{-\pi}^{\pi} f(x) \cos nx \ dx \\ b_n = \dfrac{1}{\pi} \int_{-\pi}^{\pi} f(x) \sin nx \ dx \end{cases} \quad (n = 1, 2, \cdots)
$$

のように，無限個の三角関数の基底 (1.4) と，考えている関数 $f(x)$ との積の積分で与えられる．(ここで，積分区間が $f(x)$ および $\cos nx, \sin nx$

の共通の周期になっていることが重要である．） 実際，0 または正の整数 m, n に対して成り立つ

(1.7)
$$\begin{cases} \dfrac{1}{\pi}\displaystyle\int_{-\pi}^{\pi}\cos mx \cos nx\, dx = \delta_{mn} \\ \qquad\qquad (\text{ただし，} m, n \neq 0 \text{ のとき}), \\ \dfrac{1}{\pi}\displaystyle\int_{-\pi}^{\pi}\sin mx \sin nx\, dx = \delta_{mn} \\ \qquad\qquad (\text{ただし，} m, n \neq 0 \text{ のとき}), \\ \dfrac{1}{\pi}\displaystyle\int_{-\pi}^{\pi}\cos mx \sin nx\, dx = 0, \\ \dfrac{1}{2\pi}\displaystyle\int_{-\pi}^{\pi} 1\cdot\cos nx\, dx = \delta_{n0}, \\ \dfrac{1}{\pi}\displaystyle\int_{-\pi}^{\pi} 1\cdot\sin nx\, dx = 0 \end{cases}$$

を用いると，(1.5) におけるフーリエ係数は (1.6) のように書けることがわかる．ここで δ_{mn} は**クロネッカーのデルタ記号**を表し，整数 m, n に対し

(1.8)
$$\delta_{mn} = \begin{cases} 1 & (m = n \text{ のとき}), \\ 0 & (m \neq n \text{ のとき}) \end{cases}$$

で定義される．(1.7) は基底をなす関数の**直交関係**と呼ばれる（§3 参照）．(1.7) の最後の 2 つの式において $n \neq 0$ での値は，三角関数の周期にわたる積分は 0 となることによる．

いままでは，周期 2π の関数 $f(x)$ がフーリエ級数 (1.3), (1.5) として表されると単純に述べてきたが，本当はもう少しくわしい記述が必要である．(1.5) は無限個の項の級数であるが，次のように有限個の項の級数 $S_N(x)$ を考え，$N \to \infty$ の極限として $S(x)$ が与えられるとする．$S(x)$ をあらためて $f(x)$ の**フーリエ級数**と呼び，もとの関数 $f(x)$ と区別しよう：

(1.9)
$$\begin{cases} S_N(x) = \dfrac{a_0}{2} + \displaystyle\sum_{n=1}^{N}(a_n \cos nx + b_n \sin nx), \\ S(x) = \lim_{N \to \infty} S_N(x). \end{cases}$$

§1. フーリエ級数

フーリエ係数 a_n, b_n が (1.6) で与えられるとき，フーリエ級数 $S(x)$ ははたしてもとの関数 $f(x)$ を再現してくれるだろうか？ この問題はかなり難しいので，くわしい検討は「フーリエ級数と再現性」のところにゆずるが，「$f(x)$ が<u>区分的になめらか</u>な関数の場合，連続なところでは

$$(1.10) \qquad S(x) = f(x)$$

となってもとの関数 $f(x)$ を再現するが，$f(x)$ が不連続な点 x では

$$(1.11) \qquad S(x) = \frac{1}{2}\{f(x-0) + f(x+0)\}$$

となる．すなわち不連続点ではフーリエ級数 $S(x)$ はその点 x へ右と左から近づいたときの極限値 $f(x+0)$ と $f(x-0)$ の平均値に等しく，$f(x)$ そのものではない．」ことが示される．

ここで，関数が ある区間で連続であるか，有限個の不連続点をもち，関数の値がその区間で有限であるとき，その関数は**区分的に連続**であるという．**区分的になめらか**とは，関数 $f(x)$ とその微分 $f'(x) = df(x)/dx$ がともに区分的に連続であることをさす．例えば，その区間を $-\pi \leqq x \leqq \pi$ とするとき，$\sin x$ は区分的に連続であるが $\tan x$ は $x = \pm\pi/2$ で発散するので区分的に連続ではない．階段関数 $\theta(x)$ は $x = 0$ で不連続であるが区分的に連続である．ここで $\theta(x)$ は

$$(1.12) \qquad \theta(x) = \begin{cases} 0 & (x < 0), \\ 1 & (x > 0) \end{cases}$$

で定義される関数である．$\theta(x)$ は 1 個の不連続点をもつがそれ以外では連続で有限である．

フーリエ展開 $S(x)$ ともとの関数 $f(x)$ を区別して，フーリエ展開は $S(x)$ と書くべきであるが，そのように書くと $f(x)$ との関連性が見えにくくなるので，以下ではフーリエ展開する関数を断らない限り区分的になめらかな関数に限ることにして，<u>フーリエ展開も単に $f(x)$ と書く</u>ことにする．

フーリエ展開とベクトル空間

3次元空間の任意のベクトル A は，互いに直交する単位ベクトル e_1, e_2, e_3（それぞれ x, y, z 方向の長さ1のベクトル）を用いて

$$A = a_1 e_1 + a_2 e_2 + a_3 e_3$$

と書ける．単位ベクトル e_1, e_2, e_3 は**基本ベクトル**といってそれらの**内積**は

$$e_i \cdot e_j = \delta_{ij} \qquad (i, j = 1, 2, 3)$$

を満たす．δ_{ij} は前に述べたクロネッカーのデルタ記号である．例えば，$e_1 \cdot e_1 = 1$ は，e_1 の長さの2乗が1であることを表し，$e_1 \cdot e_2 = 0$ は x-軸方向の単位ベクトルと y-軸方向の単位ベクトルが互いに<u>直交する</u>ことを示す．係数 a_1, a_2, a_3 はベクトル A の x, y, z 方向の射影を表し，

$$a_i = e_i \cdot A = A \cdot e_i \qquad (i = 1, 2, 3)$$

によって e_i と A の内積から計算できる．（内積は (e_i, A) とも書く．また，内積は関数同士の場合に拡張され，この場合は $(\ ,\ )$ の表示を用いる．） このベクトル空間の性質は，フーリエ展開と同じ構造をしている．この対応を示すと次のようになる：

(1.13)
$$\begin{cases} A & \longleftrightarrow \quad f(x), \\ e_1, e_2, e_3 & \longleftrightarrow \quad 1, \cos x, \cos 2x, \cdots, \sin x, \sin 2x, \cdots, \\ a_i = e_i \cdot A & \longleftrightarrow \quad \begin{cases} a_n = \dfrac{1}{\pi} \displaystyle\int_{-\pi}^{\pi} f(x) \cos nx\, dx = (\cos nx, f(x)) \\ \qquad\qquad\qquad\qquad\qquad\qquad (n = 0, 1, 2, \cdots), \\ b_n = \dfrac{1}{\pi} \displaystyle\int_{-\pi}^{\pi} f(x) \sin nx\, dx = (\sin nx, f(x)) \\ \qquad\qquad\qquad\qquad\qquad\qquad (n = 1, 2, \cdots). \end{cases} \end{cases}$$

したがって，ベクトル空間で任意のベクトルが基本ベクトルで展開できることと，フーリエ級数において任意の関数が基底で展開できることが対応する（ただし，基底は無限個である点は異なる）．別のいい方をすると，フーリエ展開は無限次元のベクトル空間に対応することになる（§3参照）．

§1. フーリエ級数

例題 1.1 周期 2π の関数 x（$-\pi \leqq x < \pi$）をフーリエ展開せよ．

[解] $$a_n = \frac{1}{\pi}\int_{-\pi}^{\pi} x\cdot\cos nx\, dx = 0$$

である．なぜなら x は奇関数，$\cos nx$ は偶関数で，積 $x\cdot\cos nx$ は奇関数であるから，この場合の定積分は計算するまでもなく 0 である．

$$b_n = \frac{1}{\pi}\int_{-\pi}^{\pi} x\cdot\sin nx\, dx$$
$$= \frac{1}{\pi}\left\{\left[-\frac{1}{n}x\cdot\cos nx\right]_{-\pi}^{\pi} - \int_{-\pi}^{\pi}\left(-\frac{1}{n}\cos nx\right)dx\right\}$$
$$= \frac{1}{\pi}\left\{-\frac{2\pi}{n}(-1)^n - 0\right\} = \frac{2}{n}(-1)^{n+1} \qquad (n = 1, 2, \cdots).$$

したがって

$$S_N(x) = 2\left\{\sin x - \frac{1}{2}\sin 2x + \cdots - \frac{(-1)^N}{N}\sin Nx\right\} = \sum_{n=1}^{N}\frac{2(-1)^{n+1}}{n}\sin nx$$

$$\therefore\ S(x) = \lim_{N\to\infty}S_N(x) = \sum_{n=1}^{\infty}\frac{2(-1)^{n+1}}{n}\sin nx. \quad \diamondsuit$$

例題 1.2 周期 2π の関数 x^2（$-\pi \leqq x < \pi$）をフーリエ展開せよ．

[解] $\quad b_n = \dfrac{1}{\pi}\int_{-\pi}^{\pi} x^2\cdot\sin nx\, dx = 0 \qquad (\because\ x^2\cdot\sin nx\ \text{は奇関数})$,

$$a_n = \frac{1}{\pi}\int_{-\pi}^{\pi} x^2\cdot\cos nx\, dx$$
$$= \frac{1}{\pi}\left\{\left[\frac{1}{n}x^2\cdot\sin nx\right]_{-\pi}^{\pi} - \frac{2}{n}\int_{-\pi}^{\pi} x\cdot\sin nx\, dx\right\}$$
$$= -\frac{2}{n\pi}\left\{\left[-\frac{1}{n}x\cdot\cos nx\right]_{-\pi}^{\pi} - \int_{-\pi}^{\pi}\left(-\frac{1}{n}\cos nx\right)dx\right\}$$
$$= \frac{4}{n^2\pi}(-1)^n\pi = \frac{4}{n^2}(-1)^n \qquad (n \neq 0),$$

$$a_0 = \frac{1}{\pi}\int_{-\pi}^{\pi} x^2\cdot 1\, dx = \frac{2}{3\pi}\pi^3 = \frac{2\pi^2}{3}$$

となり，

$$S_N(x) = \frac{a_0}{2} + \sum_{n=1}^{N} a_n\cos nx = \frac{\pi^2}{3} + \sum_{n=1}^{N}\frac{4(-1)^n}{n^2}\cos nx,$$

$$\therefore\ S(x) = \lim_{N\to\infty}S_N(x) = \frac{\pi^2}{3} + \sum_{n=1}^{\infty}\frac{4(-1)^n}{n^2}\cos nx. \quad \diamondsuit$$

テイラー展開とオイラーの公式

テイラー展開　関数 $f(x)$ を点 $x=a$ のまわりで展開して $f(x)$ を $x-a$ についてのべき級数で表した（$f'(a)=(df(x)/dx)_{x=a}$ 等とおく）

$$(1.14) \quad f(x) = f(a) + (x-a)f'(a) + \frac{1}{2!}(x-a)^2 f''(a) + \cdots$$

を**テイラー展開**という．特に，テイラー展開で $a=0$ とおいて，$x=0$ のまわりのテイラー展開を考える．これは**マクローリン展開**と呼ばれる：

$$(1.15) \quad f(x) = f(0) + xf'(0) + \frac{1}{2!}x^2 f''(0) + \cdots.$$

オイラーの公式　テイラー展開とマクローリン展開の応用としてオイラーの公式を考える．

$$(1.16) \quad e^{ix} = \cos x + i\sin x \quad (\text{オイラーの公式}).$$

ここで $i=\sqrt{-1}$ である．また，e（ネピア数）は次のように定義される：

$$(1.17) \quad e = \lim_{n\to\infty}\left(1+\frac{1}{n}\right)^n = 2.71828\cdots.$$

《オイラーの公式の導出》 $de^x/dx = e^x$ に注意すると，e^x のマクローリン展開から

$$(1.18) \quad e^x = 1 + x + \frac{1}{2!}x^2 + \frac{1}{3!}x^3 + \cdots.$$

この式で，形式的に x を ix で置き換えて次の式を得る：

$$e^{ix} = 1 + ix + \frac{1}{2!}(ix)^2 + \frac{1}{3!}(ix)^3 + \cdots$$
$$= \left(1 - \frac{1}{2!}x^2 + \frac{1}{4!}x^4 - \cdots\right) + i\left(x - \frac{1}{3!}x^3 + \frac{1}{5!}x^5 - \cdots\right).$$

一方，$\cos x, \sin x$ のマクローリン展開は

$$(1.19) \quad \begin{cases} \cos x = 1 - \frac{1}{2!}x^2 + \frac{1}{4!}x^4 - \cdots, \\ \sin x = x - \frac{1}{3!}x^3 + \frac{1}{5!}x^5 - \cdots \end{cases}$$

である．したがって (1.16) を得る．　◇

《参考》 (1.16) から $e^{-ix} = \cos x - i\sin x$ だから

(1.20)
$$\begin{cases} \cos x = \dfrac{e^{ix} + e^{-ix}}{2}, \\ \sin x = \dfrac{e^{ix} - e^{-ix}}{2i} \end{cases}$$

を得る．$|x| = $ 小 なら次のように近似できる：

(1.21)
$$\begin{cases} \cos x \sim 1 - \dfrac{1}{2!}x^2, \\ \sin x \sim x - \dfrac{1}{3!}x^3. \end{cases}$$

ここで記号 $\sim$ は右辺の式が左辺の関数の近似式であることを表す．これらの式はこれから何度となく出会う式なので是非自由に使えるようにしてほしい．　◇

練 習 問 題 1

1. 2ページと3ページの図の関数は区分的に連続であるか．

2. 式 (1.7) を示し，(1.7) を用いて式 (1.5) におけるフーリエ係数が式 (1.6) と書けることを示せ．ただし積分と無限和の順序を交換できるものとせよ．

3. (1) $y = 2\left(\sin x - \dfrac{1}{2}\sin 2x + \dfrac{1}{3}\sin 3x\right)$ を $-\pi \leq x < \pi$ でグラフに書け．

(2) $y = \dfrac{\pi^2}{3} + 4\left(-\cos x + \dfrac{1}{4}\cos 2x\right)$ を $-\pi \leq x < \pi$ でグラフに書け．

4. $\cos^2 x$，$\sin^2 x$，$\sin x \cos x$ のフーリエ展開を求めよ．

5. 複素数 $z = x + iy$ (x, y：実数) の複素共役を $z^* \equiv x - iy$ とする．e^{ix} の複素共役 $(e^{ix})^*$ を求めよ．$\equiv$ は左辺の量を右辺の量で定義することを表す．

6. (1) $f(x) = \ln(1+x)$ をマクローリン展開せよ．ここで $\ln(1+x)$ は自然対数 $\log_e(1+x)$ を表す．

(2) $f(x) = \sqrt{1+x}$ をマクローリン展開せよ．

§2. フーリエ級数と関数の偶奇性

対称性 — 関数の偶奇性

読者は既に知っていることと思うが，x の関数 $f(x)$ が，x を $-x$ に変えても変わらないとき**偶関数**(Even function)といい，x を $-x$ に変えたとき符号が変わるとき**奇関数**(Odd function)という：

$$(2.1)\quad \begin{cases} f(-x) = f(x) & (\text{偶関数}), \\ f(-x) = -f(x) & (\text{奇関数}). \end{cases}$$

偶関数を $f_E(x)$，奇関数を $f_O(x)$ と書く．すなわち次の関係を満たす：

$$f_E(-x) = f_E(x), \qquad f_O(-x) = -f_O(x).$$

例 2.1 （1） $f(x) = x^2$ を考える：$f(-x) = (-x)^2 = x^2 = f(x) = f_E(x)$．
（2） $f(x) = x$ を考える：$f(-x) = -x = -f(x) = -f_O(x)$．　◇

任意の関数 $f(x)$ は，偶関数と奇関数の和の形に書くことができる：

$$(2.2)\qquad f(x) = f_E(x) + f_O(x).$$

このとき，$f_E(x)$, $f_O(x)$ は一意的に決まる．なぜなら，(2.2) から

$$(2.3)\qquad f(-x) = f_E(-x) + f_O(-x) = f_E(x) - f_O(x).$$

したがって，(2.2), (2.3) 式から，

$$(2.4)\quad \begin{cases} f_E(x) = \dfrac{1}{2}\{f(x) + f(-x)\}, \\ f_O(x) = \dfrac{1}{2}\{f(x) - f(-x)\} \end{cases}$$

を得る．よって，次のようにも表せる：

$$(2.5)\qquad f(x) = \frac{1}{2}\{f(x) + f(-x)\} + \frac{1}{2}\{f(x) - f(-x)\}.$$

このような関数の偶奇性に着目することは具体的な問題を考えるときに有用である．

§2. フーリエ級数と関数の偶奇性

フーリエ展開について考える．$\cos nx$ は偶関数，$\sin nx$ は奇関数であるから，$f_E(x)$ のフーリエ展開では係数 $b_n = 0$（$n = 1, 2, \cdots$）となり

$$(2.6) \qquad f_E(x) = \frac{a_0}{2} + \sum_{n=1}^{\infty} a_n \cos nx$$

と書くことができる．ここでフーリエ係数は (1.6) で与えられるものを用いる．同様に奇関数 $f_O(x)$ のフーリエ展開では係数 $a_n = 0$（$n = 0, 1, 2, \cdots$）だから，

$$(2.7) \qquad f_O(x) = \sum_{n=1}^{\infty} b_n \sin nx .$$

このような偶奇性に着目してフーリエ展開の実例を見てみよう．周期 2π の関数

$$(2.8) \qquad f(x) = 1 + x \qquad (-\pi \leq x < \pi)$$

のフーリエ展開を考える．$f(x) = f_E(x) + f_O(x)$ と書けることと，1 が偶関数，x が奇関数であることに注意すれば，<u>x が π の整数倍の点を除き</u>[1)]

$$(2.9) \qquad \begin{cases} f_E(x) = 1, \\ f_O(x) = x \end{cases}$$

となる．π の整数倍の点は積分には寄与しない．以下同様の記述は省略する．したがって，$f_E(x)$，$f_O(x)$ それぞれのフーリエ展開を考えればよい．$f_E(x) = 1$ においては $a_0 = 2$，$a_n = 0$（$n = 1, 2, \cdots$）であり，$f_O(x) = x$ においては

$$(2.10) \qquad b_n = \frac{1}{\pi} \int_{-\pi}^{\pi} f_O(x) \sin nx \, dx = \frac{1}{\pi} \int_{-\pi}^{\pi} x \sin nx \, dx$$
$$= \frac{2(-1)^{n+1}}{n} \qquad (n = 1, 2, \cdots)$$

だから，次を得る：

$$(2.11) \qquad f(x) = \frac{a_0}{2} + \sum_{n=1}^{\infty} b_n \sin nx = 1 + \sum_{n=1}^{\infty} \frac{2(-1)^{n+1}}{n} \sin nx .$$

---

1) $x = -\pi, \pi$ では $f_O(x)$ が奇関数であることすなわち $f_O(-\pi) = -f_O(\pi)$ と，周期的であること $f_O(-\pi) = f_O(\pi)$ とは両立しない．

$f(x) = x$ のフーリエ展開への注意

周期 2π の関数で，$-\pi \leqq x < \pi$ で $f(x) = x$ であるとき，周期性から図のように，$f(x)$ は $\pi \leqq x < 3\pi$ では $f(x) = x - 2\pi$ である．$f(x)$ は $x = \pi$ で不連続で，有限のとびがある．左から，$x = \pi$ に近づいたとき $f(\pi - 0) = \pi$ で，右から $x = \pi$ に近づいたとき $f(\pi + 0) = -\pi$ である．$f(\pi - 0)$ は

$$f(\pi - \varepsilon) \quad (\varepsilon > 0, \ \varepsilon \to 0)$$

の極限を表し，$f(\pi + 0)$ は

$$f(\pi + \varepsilon) \quad (\varepsilon > 0, \ \varepsilon \to 0)$$

の極限を表す．このように $x \to \pi$ の極限では $f(x)$ は1つの値をとらない．一方，この関数のフーリエ展開

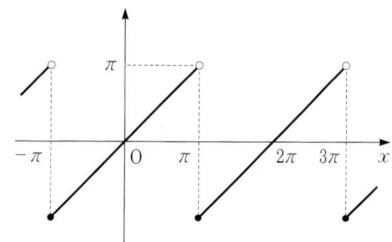

(2.12) $$f(x) = x = \sum_{n=1}^{\infty} \frac{2(-1)^{n+1}}{n} \sin nx$$

は $x = \pi$ で $\sin n\pi = 0$ だから $f(\pi) = 0$ となって1つの定まった値をとり，もとの関数値 $f(\pi - 0) = \pi$，$f(\pi + 0) = -\pi$ とは異なる．一般に不連続点ではフーリエ展開 $S(x)$ を部分和

(2.13) $$S_N(x) = \frac{a_0}{2} + \sum_{n=1}^{N} a_n \cos nx + \sum_{n=1}^{N} b_n \sin nx$$

の $N \to \infty$ での極限によって定義する：

(2.14) $$S(x) = \lim_{N \to \infty} S_N(x).$$

よって，$S(x)$ は不連続点 x における2つの極限値の平均で与えられる：

(2.15) $$S(x) = \frac{1}{2}\{f(x - 0) + f(x + 0)\}.$$

注意 上の例では $x = \pi$ で $S(\pi) = 0$ であり，これは $\frac{1}{2}\{f(\pi - 0) + f(\pi + 0)\} = \frac{1}{2}(\pi + (-\pi)) = 0$ によって満たされていることがわかる．連続点では $f(x - 0) = f(x + 0)$ だから，やはり $S(x) = \frac{1}{2}\{f(x - 0) + f(x + 0)\}$ となっている．

§2. フーリエ級数と関数の偶奇性

例題 2.1 次の関数 $f(x)$ をフーリエ展開せよ．

$$f(x) = \begin{cases} 0 & (-\pi \leq x < 0), \\ 1 & (0 \leq x < \pi). \end{cases}$$

[解] $f(x) = f_E(x) + f_O(x)$ と書く．

$$f(-x) = \begin{cases} 1 & (-\pi \leq x < 0), \\ 0 & (0 \leq x < \pi) \end{cases}$$

であるから

$$f_E(x) = \frac{1}{2}\{f(x) + f(-x)\} = \frac{1}{2} \quad (\text{すべての } x),$$

$$f_O(x) = \frac{1}{2}\{f(x) - f(-x)\} = \begin{cases} -\dfrac{1}{2} & (-\pi < x < 0), \\ \dfrac{1}{2} & (0 < x < \pi) \end{cases}$$

である．$f_E(x)$ のフーリエ係数は $a_0 = 1$, $a_n = 0$. $f_O(x)$ のフーリエ係数は

$$b_n = \frac{1}{\pi}\int_{-\pi}^{\pi} f_O(x) \sin nx\, dx = \frac{2}{\pi}\int_0^{\pi} f_O(x) \sin nx\, dx$$

$$= \frac{2}{\pi}\int_0^{\pi} \frac{1}{2} \sin nx\, dx = \left[-\frac{1}{n\pi}\cos nx\right]_0^{\pi}$$

$$= \frac{1}{n\pi}\{1 - (-1)^n\} = \begin{cases} \dfrac{2}{n\pi} & (n = \text{奇数}), \\ 0 & (n = \text{偶数}). \end{cases}$$

したがって，$f(x)$ のフーリエ展開は

$$f(x) = \frac{1}{2} + \frac{2}{\pi}\left(\sin x + \frac{\sin 3x}{3} + \frac{\sin 5x}{5} + \cdots\right). \quad \diamond$$

《応用》 この結果において $x = \pi/2$ とおくと，$f(\pi/2) = 1$ であるから

$$1 = \frac{1}{2} + \frac{2}{\pi}\left\{\sin\frac{\pi}{2} + \frac{\sin(3\pi/2)}{3} + \frac{\sin(5\pi/2)}{5} + \cdots\right\}$$

$$= \frac{1}{2} + \frac{2}{\pi}\left(1 - \frac{1}{3} + \frac{1}{5} - \cdots\right)$$

を得る．したがって次の等式を得る：

(2.16) $\quad 1 - \dfrac{1}{3} + \dfrac{1}{5} - \cdots = \dfrac{\pi}{4} \quad$ (グレゴリーの級数). $\quad \diamond$

例題 2.2 $\tan x$ の逆関数 $\tan^{-1} x$ を $x=0$ のまわりでマクローリン展開せよ．その結果において $x=1$ とおいて，グレゴリーの級数と比較せよ．（$\tan^{-1} x$ は $\arctan x$ とも書く．）

[解] $y = f(x)$ とおく．$y = \tan^{-1} x$ から，$x = \tan y$．両辺を x で微分すると
$$1 = \frac{1}{\cos^2 y} \frac{dy}{dx}\ \text{だから}\ \ \frac{dy}{dx} = \cos^2 y = \frac{\cos^2 y}{\cos^2 y + \sin^2 y} = \frac{1}{1 + \tan^2 y} = \frac{1}{1+x^2}$$
となる．したがって
$$(x^2 + 1) f^{(1)}(x) = 1. \qquad \text{①}$$
ただし $f^{(n)}(x) = \dfrac{d^n f}{dx^n}$ とおいた．①の両辺を微分して
$$2x f^{(1)}(x) + (x^2+1) f^{(2)}(x) = 0. \qquad \text{②}$$
さらに②を x で微分すると
$$2 f^{(1)}(x) + 4x f^{(2)}(x) + (x^2+1) f^{(3)}(x) = 0.$$
同じようにして考えて，整数 $n\, (\geqq 1)$ について次の漸化式
$$a_n f^{(n)}(x) + b_n x f^{(n+1)}(x) + (x^2+1) f^{(n+2)}(x) = 0 \qquad \text{③}$$
を仮定できる．ここで，a_n, b_n は n によって定まる定数とする．a_n, b_n を求めよう．③を微分したものと，③で n の代わりに $n+1$ で考えたものを比べることにより，$a_1 = 2, b_1 = 4$ を初項として $a_{n+1} = a_n + b_n$，$b_{n+1} = b_n + 2$ だから
$$a_n = (n+1) n, \quad b_n = 2n + 2 \qquad (n \geqq 1)$$
を得る．マクローリン展開は $f^{(n)}(x)$ の $x=0$ での値がわかればよい．$f^{(1)}(0) = 1, f^{(2)}(0) = 0$ により，③から整数 $m\, (m \geqq 1)$ について
$$f^{(2m)}(0) = 0,$$
$$f^{(2m+1)}(0) = -a_{2m-1} f^{(2m-1)}(0)$$
$$= (-1)^m a_{2m-1} a_{2m-3} \cdots a_3 a_1 f^{(1)}(0) = (-1)^m (2m)!$$
となる．以上より，$f(0) = \tan^{-1} 0 = 0$ に注意して，マクローリン展開は
$$f(x) = \tan^{-1} x = \sum_{n=1}^{\infty} \frac{x^n}{n!} f^{(n)}(0) = \sum_{m=0}^{\infty} \frac{x^{2m+1}}{(2m+1)!} f^{(2m+1)}(0)$$
$$= \sum_{m=0}^{\infty} (-1)^m \frac{1}{2m+1} x^{2m+1} = x - \frac{x^3}{3} + \frac{x^5}{5} - \frac{x^7}{7} + \cdots.$$
ここで $x = 1$ とすると $\tan^{-1} 1 = \pi/4$ だから，グレゴリーの級数が成り立つ． ◇

フーリエ余弦展開とフーリエ正弦展開

フーリエ余弦展開　ある関数を余弦関数 $\cos nx$（$n=0,1,2,\cdots$）のみで展開することである．このために $0 \leqq x < \pi$ で定義された関数を

（ⅰ）　$f(-x) = f(x)$ により<u>偶関数として</u> $-\pi \leqq x < 0$ へ拡張する．

（ⅱ）　$f(x) = f(x+2\pi)$ により $-\pi \leqq x < \pi$ 以外の領域へ拡張する．

この結果，フーリエ展開すると，偶関数であることと周期的であることから

$$(2.17) \qquad f(x) = \frac{a_0}{2} + \sum_{n=1}^{\infty} a_n \cos nx$$

と展開することができる．

例題 2.3　関数 $f(x) = x$（$0 \leqq x < \pi$）をフーリエ余弦展開せよ．

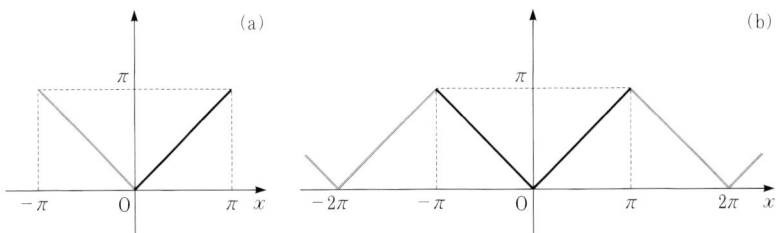

[解]　$f(x) = x$ だからといって奇関数と考えてはいけない．（ⅰ）によって $x < 0$ での値を $f(x) = f(-x) = -x$ と拡張すれば，図の（a）を得る．（ⅱ）によって $-\pi \leqq x < \pi$ の外へ周期関数として拡張され（b）を得る．よって，

$$a_0 = \frac{1}{\pi} \int_{-\pi}^{\pi} 1 \cdot f(x)\, dx = \frac{1}{\pi} \int_{-\pi}^{\pi} |x|\, dx = \frac{2}{\pi} \int_{0}^{\pi} x\, dx = \pi,$$

$$a_n = \frac{1}{\pi} \int_{-\pi}^{\pi} f(x) \cos nx\, dx = \frac{1}{\pi} \int_{-\pi}^{\pi} |x| \cos nx\, dx = \frac{2}{\pi} \int_{0}^{\pi} x \cos nx\, dx$$

$$= \frac{2(-1)}{\pi n^2}\{1-(-1)^n\} = \begin{cases} \dfrac{-4}{\pi n^2} & (n = 奇数), \\ 0 & (n = 偶数) \end{cases}$$

となるから，求めるフーリエ余弦展開は

$$f(x) = \frac{\pi}{2} - \frac{4}{\pi}\left(\frac{\cos x}{1^2} + \frac{\cos 3x}{3^2} + \frac{\cos 5x}{5^2} + \cdots\right). \quad \diamond$$

フーリエ正弦展開　ある関数を正弦関数 $\sin nx$（$n = 1, 2, \cdots$）のみで展開することである．このために $0 \leqq x < \pi$ で定義された関数を

(ⅰ)　$f(-x) = -f(x)$ により<u>奇関数として</u> $-\pi \leqq x < 0$ へ拡張する．

(ⅱ)　$f(x) = f(x + 2\pi)$ により $-\pi \leqq x < \pi$ 以外の領域へ拡張する．

この結果，フーリエ展開すると，奇関数であることと周期的であることから

(2.18) $$f(x) = \sum_{n=1}^{\infty} b_n \sin nx$$

と展開することができる．

例題 2.4　関数 $f(x) = x^2$（$0 \leqq x < \pi$）をフーリエ正弦展開せよ．

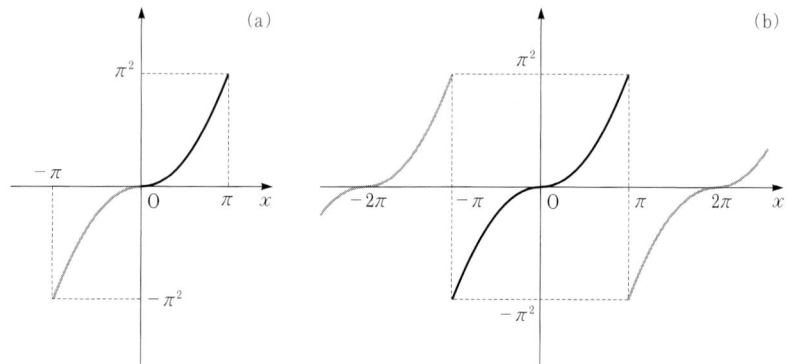

[解]　$f(x) = x^2$ だからといって偶関数と考えてはいけない．(ⅰ) によって $x < 0$ での値は，$f(x) = -f(-x) = -(-x)^2 = -x^2$ から，図の (a) を得る．(ⅱ) によって $-\pi \leqq x < \pi$ の外へ周期関数として拡張され (b) を得る．よって，奇関数 $f(x)$ と $\sin nx$ の積の関数は偶関数であることに注意して

$$b_n = \frac{1}{\pi} \int_{-\pi}^{\pi} f(x) \sin nx \, dx = \frac{2}{\pi} \int_0^{\pi} x^2 \sin nx \, dx$$

$$= [2\text{回部分積分して}] = \begin{cases} -\dfrac{2\pi}{n} & (n = \text{偶数}), \\ \dfrac{2\pi}{n} - \dfrac{8}{\pi n^3} & (n = \text{奇数}). \end{cases}$$

となるから，求めるフーリエ正弦展開は

$$f(x) = \left(2\pi - \frac{8}{\pi}\right)\sin x - \pi \sin 2x + \left(\frac{2\pi}{3} - \frac{8}{27\pi}\right)\sin 3x - \frac{\pi}{2}\sin 4x + \cdots.$$

練習問題 2

1. 例題 1.2 のフーリエ展開の結果を用いて

$$\frac{1}{1^2} + \frac{1}{2^2} + \frac{1}{3^2} + \frac{1}{4^2} + \cdots = \frac{\pi^2}{6}$$

を示せ．

2. （1） $f_E(x)$ に対しては $b_n = 0$ であることを示せ．

（2） $f_O(x)$ に対しては $a_n = 0$ であることを示せ．

3. $\dfrac{1}{1+x^2}$ をマクローリン展開せよ．$y = \tan^{-1} x$ とすると，例題 2.2 から $\dfrac{dy}{dx} = \dfrac{1}{1+x^2}$ である．これを利用して

$$y = \tan^{-1} x = x - \frac{1}{3}x^3 + \frac{1}{5}x^5 - \cdots$$

を示せ．

参考：$x = 1$ とおくと，グレゴリーの級数が得られる．

4. $\dfrac{\pi^2}{8} = \dfrac{1}{1^2} + \dfrac{1}{3^2} + \dfrac{1}{5^2} + \cdots$　となることを示せ．

5. $f(x) = x(\pi - x)$ ($0 \leqq x < \pi$) のフーリエ余弦展開とフーリエ正弦展開を求めよ．

6. $f(x)$ を周期 2π の関数とするとき，$f(x)$ の 1 周期にわたる積分は，積分領域を自由に平行移動することができる．すなわち，任意の定数 c について

$$\int_{-\pi+c}^{\pi+c} f(x)\,dx = \int_{-\pi}^{\pi} f(x)\,dx$$

が成り立つことを示せ．

§3. パーセバルの等式，ベッセルの不等式

完全性とベッセルの不等式

完全性　直交関数系の**完全性**ということを説明したいわけであるが，これはちょっと抽象的なので，ベクトル空間で見てみよう．ベッセルの不等式とパーセバルの等式は完全性という考え方を説明するのに必要な考え方であるが，よりわかりやすくするためにベクトル空間での実例から始める．

3次元空間（$N=3$）の場合：x, y, z-軸方向の単位ベクトルを e_1, e_2, e_3 とする．これは互いに直交しているので，内積は

$$(3.1) \qquad e_i \cdot e_j = \delta_{ij} \qquad (i, j = 1, 2, 3)$$

を満たす．このとき e_1, e_2, e_3 は正規直交系をなす．正規とはベクトルの長さが1となるように選ばれている（これを規格化されているという）ことをさす．3次元空間の任意のベクトルを A とすると，正規直交系を用いて

$$(3.2) \qquad A = a_1 e_1 + a_2 e_2 + a_3 e_3$$

と書ける．ここで係数 a_i は e_i 方向の A の成分を表し $a_i = e_i \cdot A$ によって一意的に与えられる．

この例の e_1, e_2, e_3 のように，考えている空間（いまの場合3次元空間）の任意のベクトルを，それらの1次結合として表すことができるような正規直交系は**完全系**であるという．

では完全系でないとはどういうことをさすか．e_1, e_2, e_3 からどれかのベクトルを除いたとする．例えば e_3 を除いた正規直交系 e_1, e_2 を考える．3次元空間では e_1, e_2 は完全系ではない．なぜなら3次元空間の任意のベクトルを e_1 と e_2 の1次結合として表すことはできないからである．実際，3次元空間のベクトルとして e_3 を考えると，このベクトルは e_1 と e_2 の1次結合として表すことはできない．なぜなら e_1, e_2 の1次結合として表せるベクトルは xy-平面内の任意のベクトルのみであって，xy-平面内に含まれ

ない e_3 のようなベクトルを e_1, e_2 の 1 次結合として表すことはできない．

以上のことは，N を 3 以外の有限次元または無限次元に拡張しても成り立つ．N 個の正規直交ベクトル $e_1, e_2, \cdots, e_N$ を考える．N 次元の任意のベクトル A をそれらの 1 次結合として表すことができるとき，$e_1, e_2, \cdots, e_N$（ $N = $ 有限または ∞ ）を完全系という．完全系の中からいくつか（有限個または無限個）のベクトルを除いたものは完全系ではなくなる．

例題 3.1 3 次元空間で考える．A を 3 次元空間の あるベクトルとする．B を xy -平面内のベクトルとするとき，ベクトルの差 $A - B$ の長さを最小にするような B はどのようなベクトルか．

［解］ $B = b_1 e_1 + b_2 e_2$ と書けるから，$A - B$ の（長さ）^{2} は
$$\begin{aligned}\Delta^2 &= (A - B)^2 = A^2 - 2A \cdot B + B^2 \\ &= A^2 - 2A \cdot (b_1 e_1 + b_2 e_2) + (b_1 e_1 + b_2 e_2)^2 \\ &= A^2 - 2(a_1 b_1 + a_2 b_2) + b_1^2 + b_2^2 \\ &= A^2 + (b_1 - a_1)^2 + (b_2 - a_2)^2 - a_1^2 - a_2^2 .\end{aligned}$$
ただし，実ベクトル（実数の成分のみをもつ）A の自分自身との内積 $A \cdot A$ を簡略記号 A^2 で表している．ここで $a_1 = e_1 \cdot A$, $a_2 = e_2 \cdot A$ だから $\Delta^2 = $ 最小 となるのは $b_1 = a_1$, $b_2 = a_2$ ととったときである．すなわち B を，A の xy -平面への射影 $A_\parallel = a_1 e_1 + a_2 e_2$ に等しくとったときである．（ $\parallel$ はベクトル A の xy -平面への射影を表す．）

また，$A_\perp = a_3 e_3$ とすると $A_\perp$ は A の xy -平面と垂直な成分で，ベクトル A は $A = A_\parallel + A_\perp$ と書ける． ◇

ベッセルの不等式 N 次元（ $N = $ 有限 または ∞ ）の場合： 内積が定義された N 次元ベクトル空間 V が与えられたとする．さらに，このベクトル空間の正規直交系 $S = \{ e_n \mid n \in \Gamma \}$ が与えられているとする．ここで

(1) Γ は $1, 2, \cdots, N$ の全部または一部からなる集合であり，

(2) $\{ e_n \mid n \in \Gamma \}$ は n が Γ に属するものとしたときの正規直交ベクトルの集合を表す．$n \in \Gamma$ は n が集合 Γ に属することを表す．

ベクトル空間 V の任意のベクトル A と，次の条件付きのベクトル B を考える：

$$(3.3) \quad B = \sum_{n \in \Gamma} b_n e_n, \quad b_n = e_n \cdot B.$$

すなわち B は正規直交系 S に属するベクトルの 1 次結合として表すことができるベクトルとする．また，A の e_n 方向成分を a_n とする（$a_n = e_n \cdot A$ で与えられる）．

A と B の差によって

$$(3.4) \quad \varDelta^2 = (A - B)^2 = (A - B) \cdot (A - B) \geqq 0$$

を考える．B を適切にとって A との誤差 $\varDelta^2$ を最小にする問題を考えよう．

$$(3.5) \quad \begin{aligned} \varDelta^2 &= A^2 - 2 A \cdot B + B^2 \\ &= A^2 - 2 A \cdot \sum_{n \in \Gamma} b_n e_n + \left(\sum_{n \in \Gamma} b_n e_n \right)^2 \\ &= A^2 - 2 \sum_{n \in \Gamma} b_n e_n \cdot A + \sum_{n \in \Gamma} b_n^2 \\ &= A^2 - 2 \sum_{n \in \Gamma} a_n b_n + \sum_{n \in \Gamma} b_n^2 \\ &= A^2 + \sum_{n \in \Gamma} (a_n - b_n)^2 - \sum_{n \in \Gamma} a_n^2 \end{aligned}$$

だから，係数 b_n を a_n に等しくとったときが $\varDelta^2$ の最小値である．このときの $\varDelta^2$ を $\varDelta_{\min}^2$ と書くと

$$(3.6) \quad \varDelta_{\min}^2 = A^2 - \sum_{n \in \Gamma} a_n^2$$

と表される．もともと $\varDelta^2$ は 0 以上の量だったからその最小値 $\varDelta_{\min}^2$ も負になることはない．このことから

$$(3.7) \quad A^2 \geqq \sum_{n \in \Gamma} a_n^2.$$

この式 (3.7) を**ベッセルの不等式**という．あるベクトル A に対しては (3.7) は不等号「$>$」となることもある．もし，任意のベクトル A に対して (3.7) が等号「$=$」になるならば，正規直交系 $S = \{ e_n \mid n \in \Gamma \}$ は**完全系**であるという．

以上のベクトル空間で説明した性質を，次の項目以降で関数に置き換えていく．

フーリエ級数とベッセルの不等式

$f(x)$ を周期 2π の実数値の関数とする．さらに $f(x)$ は 2 乗したものが可積分であるとする．すなわち，

(3.8) $$\int_{-\pi}^{\pi} f(x)^2 \, dx = 有限.$$

a_n, b_n を $f(x)$ のフーリエ係数とする：

(3.9) $$a_n = \frac{1}{\pi} \int_{-\pi}^{\pi} f(x) \cos nx \, dx \qquad (n = 0, 1, 2, \cdots),$$

(3.10) $$b_n = \frac{1}{\pi} \int_{-\pi}^{\pi} f(x) \sin nx \, dx \qquad (n = 1, 2, 3, \cdots).$$

ここで勝手な周期 2π の実関数 $g(x)$ を次のように与える：

(3.11) $$g(x) = \frac{c_0}{2} + \sum_{n=1}^{\infty}{}' (c_n \cos nx + d_n \sin nx).$$

($\sum'$ は後で説明する．) 以上の状況は，前項で述べた

　　ベクトルを　　$\boldsymbol{A} \to f(x)$, $\boldsymbol{B} \to g(x)$,

　　正規直交系を

$$\{ \boldsymbol{e}_1, \boldsymbol{e}_2, \cdots \} \to \left\{ \frac{1}{\sqrt{2}}, \cos x, \cos 2x, \cdots, \sin x, \sin 2x, \cdots \right\}$$

と関数によって置き換えたものである．(3.11) における $\sum'$ は $g(x)$ を与えるとき正規直交系に属するいくつか（有限個または無限個）の正規直交関数を除く場合があることを示す．例えば，正規直交関数 $\sin 2x$ を除くときは (3.11) の右辺で d_2 を恒等的に 0 ととる．また (3.11) の右辺で正規直交関数 $\frac{\cos 0x}{\sqrt{2}} = \frac{1}{\sqrt{2}}$ を除くときは c_0 を恒等的に 0 ととり，$\frac{c_0}{2} = \frac{1}{\sqrt{2}} \frac{c_0}{\sqrt{2}}$ は現れないものとする．さて，実関数 $f(x), g(x)$ に対して

(3.12) $$\varDelta^2 = \int_{-\pi}^{\pi} \{f(x) - g(x)\}^2 \, dx \geq 0$$

が成り立つ．ここで $\varDelta^2$ は $f(x)$ を $g(x)$ で近似したときの 2 乗誤差と考えることができる．$g(x)$ をうまくとって $\varDelta^2$ を最小にする問題を考える．

§3. パーセバルの等式，ベッセルの不等式

(3.13)
$$\Delta^2 = \int_{-\pi}^{\pi} f(x)^2\, dx - 2\int_{-\pi}^{\pi} f(x)\left\{\frac{c_0}{2} + \sum_{n=1}^{\infty}{'}(c_n \cos nx + d_n \sin nx)\right\} dx$$
$$\quad + \int_{-\pi}^{\pi}\left\{\frac{c_0}{2} + \sum_{n=1}^{\infty}{'}(c_n \cos nx + d_n \sin nx)\right\}^2 dx$$
$$= \int_{-\pi}^{\pi} f(x)^2\, dx - 2\pi\left\{\frac{a_0 c_0}{2} + \sum_{n=1}^{\infty}{'}(a_n c_n + b_n d_n)\right\}$$
$$\quad + \pi\left\{\frac{1}{2}c_0^2 + \sum_{n=1}^{\infty}{'}(c_n^2 + d_n^2)\right\}$$
$$= \int_{-\pi}^{\pi} f(x)^2\, dx + \pi\left\{\frac{1}{2}(a_0 - c_0)^2 + \sum_{n=1}^{\infty}{'}\{(a_n - c_n)^2 + (b_n - d_n)^2\}\right\}$$
$$\quad - \pi\left\{\frac{a_0^2}{2} + \sum_{n=1}^{\infty}{'}(a_n^2 + b_n^2)\right\}$$

だから，Δ^2 を最小にするのは c_n, d_n をそれぞれ a_n, b_n に等しくして

(3.14) $\quad c_n = a_n \ (n = 0, 1, 2, \cdots)\,; \quad d_n = b_n \ (n = 1, 2, \cdots)$

としたときである．重要なことは「$f(x)$ を級数 $g(x)$ で近似したとき 2 乗誤差を最小にするのは，$g(x)$ の中の係数 c_n, d_n を $f(x)$ のフーリエ係数に等しくとったときである」ということであって，そのとき最良近似となっていることである．このときの Δ^2 を $\Delta^2_{\min}$ と書くと $\Delta^2_{\min} \geq 0$ だから

(3.15) $\quad \displaystyle\int_{-\pi}^{\pi} f(x)^2\, dx \geq \pi\left\{\frac{a_0^2}{2} + \sum_{n=1}^{\infty}{'}(a_n^2 + b_n^2)\right\}$

が得られる．これは**ベッセルの不等式**と呼ばれる．任意の $f(x)$（2 乗可積分な関数）に対してベッセルの不等式が等式「＝」になるなら，正規直交系は**完全性**をもつという．実際，正規直交系

(3.16) $\quad \begin{cases} \dfrac{1}{\sqrt{2}}, & \cos x, & \cos 2x, & \cos 3x, & \cdots, \\ & \sin x, & \sin 2x, & \sin 3x, & \cdots \end{cases}$

は完全系であることが知られている．もし $g(x)$ を与える (3.11) において，展開する正規直交系として (3.16) のすべてをとらないよう制限したとすると，(3.15) は不等式「＞」が現れるときがある．このとき (3.16) の一部を欠いた正規直交系は**完全系でない**という．

§3. パーセバルの等式，ベッセルの不等式

完全系に対して，任意の 2 乗可積分な関数に対して成り立つ等式

$$(3.17) \qquad \int_{-\pi}^{\pi} f(x)^2 \, dx = \pi \left\{ \frac{a_0^2}{2} + \sum_{n=1}^{\infty} (a_n^2 + b_n^2) \right\}$$

を**パーセバルの等式**という．フーリエ級数においては通常，断らない限り正規直交系として (3.16) のすべてをとるので，完全性は保証されておりパーセバルの等式 (3.17) が成り立つ．

例題 3.2 (3.16) から，$\cos 2x$ を除いた正規直交系について，(3.15) の不等式「>」が成り立つような $f(x)$ の例を見いだせ．

[解] $\cos 2x$ を除外したから，このときの正規直交系は

$$(*) \qquad \begin{cases} \dfrac{1}{\sqrt{2}}, \quad \cos x, \quad \cos 3x, \quad \cdots, \\ \sin x, \quad \sin 2x, \quad \sin 3x, \quad \cdots \end{cases}$$

である．$f(x)$ として $\cos 2x$ をとると，n を 0 以上で $n \neq 2$ のすべての整数に対して

$$a_n = \frac{1}{\pi} \int_{-\pi}^{\pi} f(x) \cos nx \, dx = \frac{1}{\pi} \int_{-\pi}^{\pi} \cos 2x \cos nx \, dx = 0.$$

(*) には，$\cos 2x$ が含まれていないから，a_2 はもともと存在しないことに注意．
また，$n = 1, 2, \cdots$ に対して

$$b_n = \frac{1}{\pi} \int_{-\pi}^{\pi} f(x) \sin nx \, dx = \frac{1}{\pi} \int_{-\pi}^{\pi} \cos 2x \sin nx \, dx = 0.$$

したがって，(3.15) の右辺は

$$\pi \left\{ \frac{a_0^2}{2} + \sum_{n(\neq 2)=1}^{\infty} a_n^2 + \sum_{n=1}^{\infty} b_n^2 \right\} = 0$$

であり，(3.15) の左辺は

$$\int_{-\pi}^{\pi} f(x)^2 \, dx = \int_{-\pi}^{\pi} (\cos 2x)^2 \, dx = \pi$$

だから，$f(x) = \cos 2x$ のとき

$$\int_{-\pi}^{\pi} f(x)^2 \, dx > \pi \left\{ \frac{a_0^2}{2} + \sum_{n(\neq 2)=1}^{\infty} a_n^2 + \sum_{n=1}^{\infty} b_n^2 \right\}$$

となる． ◇

パーセバルの等式の応用

$f(x)$ のフーリエ級数が与えられるとパーセバルの等式 (3.17) によっていくつかの有用な関係式が導かれる．

例題 3.3 $f(x) = x$ ($-\pi \leqq x < \pi$) のフーリエ展開(例題 1.1 参照)とパーセバルの等式から

$$(3.18) \qquad \sum_{n=1}^{\infty} \frac{1}{n^2} = \frac{\pi^2}{6}$$

を示せ．

[解]
$$f(x) = \sum_{n=1}^{\infty} b_n \sin nx = \sum_{n=1}^{\infty} \frac{2(-1)^{n+1}}{n} \sin nx$$

であり，一方

$$\int_{-\pi}^{\pi} f(x)^2 \, dx = \int_{-\pi}^{\pi} x^2 \, dx = \frac{2\pi^3}{3}$$

が成り立つので，(3.17) より

$$\frac{2\pi^3}{3} = \pi \sum_{n=1}^{\infty} \left(\frac{2(-1)^{n+1}}{n} \right)^2 = 4\pi \sum_{n=1}^{\infty} \frac{1}{n^2}$$

すなわち

$$\sum_{n=1}^{\infty} \frac{1}{n^2} = \frac{\pi^2}{6}$$

が得られる． ◇

《参考》 無限級数の収束性とフーリエ係数の $n \to \infty$ での極限値を考える．

$f(x)$ が 2 乗可積分，すなわち $\int_{-\pi}^{\pi} f(x)^2 \, dx =$ 有限 を前提とすることから得られたパーセバルの等式 (3.17) は右辺の無限級数の収束性を要求する：

$$(3.19) \qquad \frac{{a_0}^2}{2} + \sum_{n=1}^{\infty} ({a_n}^2 + {b_n}^2) = 有限 .$$

したがって，a_n, b_n は $n \to \infty$ で

$$a_n \to 0 , \quad b_n \to 0 \quad (n \to \infty \text{ のとき})$$

を満たさねばならない．すなわち，$n \to \infty$ で

$$(3.20) \qquad \int_{-\pi}^{\pi} f(x) \cos nx \, dx \to 0 , \qquad \int_{-\pi}^{\pi} f(x) \sin nx \, dx \to 0$$

が導かれる．(3.20) は**リーマン・ルベッグの定理**と呼ばれる．ここでの導出は，$f(x)$ の 2 乗可積分性を仮定したが，別のところ (§5 参照) では $f(x)$ についてもう少し強い仮定 (区分的になめらか) をもとに (3.20) を導く．　◇

練習問題 3

1. $f(x) = x^2$ ($-\pi \leq x < \pi$) のフーリエ級数にパーセバルの等式を適用して
$$\sum_{n=1}^{\infty} \frac{1}{n^4} = \frac{\pi^4}{90}$$
を導け．

2. 積分
$$I = \int_0^{\infty} \frac{x^3}{e^x - 1} dx$$
は，等比級数を用いることにより $I = 3! \sum_{n=1}^{\infty} \frac{1}{n^4}$ と書けることを示せ．

　参考：無限級数 $\zeta(s) \equiv \sum_{n=1}^{\infty} \frac{1}{n^s}$ はリーマンの**ゼータ関数**と呼ばれるものである．これを用いれば $I = 3!\, \zeta(4) = \frac{\pi^4}{15}$ と表される．

　この積分は，光子 (光の量子) の集まりを記述するプランク分布に関連して現れる積分である．プランク分布は 19 世紀の最後 (1900 年末) に発見され，量子論の出発点となった．なお光子はボーズ統計に従う．

3. フェルミ統計に従う粒子 (電子，陽子) に対しては上の **2** の積分の分母の符号が異なる：$(e^x - 1) \to (e^x + 1)$．このとき，
$$I_F = \int_0^{\infty} \frac{x^3}{e^x + 1} dx = \left(1 - \frac{1}{2^3}\right) 3!\, \zeta(4) = \frac{7}{8} 3!\, \zeta(4)$$
を示せ．

§4. 複素フーリエ展開

周期 2π の関数 $f(x)$ が複素数値（実数値のときも当然含まれる）をとる場合のフーリエ展開を考える．このときには $\cos nx$, $\sin nx$ の代りに指数関数 e^{inx} を用いて展開することを考える．ここで x は実数値の変数である．i は虚数単位を表し $i=\sqrt{-1}$ である．

複素数 z は実数 x,y により $z=x+iy$ と表される．z の複素共役は $z^*=x-iy$ で与えられる．また，複素数 z は次のようにも表される：
$$z=re^{i\theta} \quad \text{および} \quad z^*=re^{-i\theta}.$$
ここで $r\geqq 0$, $\theta=$ 実数 とする．$x=r\cos\theta$, $y=r\sin\theta$ である．$z=re^{i\theta}$ を複素数の**極表示**という．

$(e^{it})^*=(\cos t+i\sin t)^*=\cos t-i\sin t=e^{-it}$ が成り立つことにも注意しよう（t は実数）．

ここで，実ベクトル空間の性質を思い出そう．ベクトル $\boldsymbol{A},\boldsymbol{B}$ の内積は $(\boldsymbol{A},\boldsymbol{B})=\boldsymbol{A}\cdot\boldsymbol{B}=|\boldsymbol{A}||\boldsymbol{B}|\cos\theta$ である．ここで θ は $\boldsymbol{A}$ と $\boldsymbol{B}$ のなす角である．$|\boldsymbol{A}|$ は $\boldsymbol{A}$ の大きさを表す．$\boldsymbol{A}$ と $\boldsymbol{B}$ の内積がゼロのとき $|\boldsymbol{A}|$, $|\boldsymbol{B}|$ がゼロでなければ，2つのベクトル $\boldsymbol{A},\boldsymbol{B}$ が直交していることを表す．なぜなら，$|\boldsymbol{A}||\boldsymbol{B}|\cos\theta=0$ から $\cos\theta=0$ となり $\theta=\pm\dfrac{\pi}{2}$ を与えるからである．内積 $(\boldsymbol{A},\boldsymbol{A})=\boldsymbol{A}\cdot\boldsymbol{A}=|\boldsymbol{A}|^2$ は，〔ベクトル $\boldsymbol{A}$ の長さ〕^{2} を表す．

N 次元の正規直交ベクトルの組 $\boldsymbol{e}_n$ ($n=1,2,\cdots,N$) を導入すると

(4.1) $$(\boldsymbol{e}_m,\boldsymbol{e}_n)=\boldsymbol{e}_m\cdot\boldsymbol{e}_n=\delta_{mn}$$

を満たす．これを $\boldsymbol{e}_n$ の**直交規格条件**という．N 次元の任意のベクトル $\boldsymbol{A}$ は $\boldsymbol{e}_n$ の1次結合として次のように展開される：

(4.2) $$\boldsymbol{A}=a_1\boldsymbol{e}_1+a_2\boldsymbol{e}_2+\cdots+a_N\boldsymbol{e}_N.$$

また，それぞれの正規ベクトルの方向係数は，次の内積で与えられる：

(4.3) $$a_n=(\boldsymbol{e}_n,\boldsymbol{A}).$$

§4. 複素フーリエ展開

2つの複素数値関数 $f(x), g(x)$ の内積を

$$(4.4) \qquad (f, g) = \frac{1}{2\pi} \int_{-\pi}^{\pi} f^*(x) g(x) \, dx$$

で定義する．$f^*(x)$ は $f(x)$ の複素共役である．

$\cos nx$，$\sin nx$（$n \geqq 0$ の整数）は直交関数系であるが，

$$(4.5) \qquad e^{inx} = \cos nx + i \sin nx$$

も直交関数系である（n は負を含むすべての整数）．直交規格性は次のように保証されている（m, n は整数）：

$$(4.6) \qquad (e^{imx}, e^{inx}) = \frac{1}{2\pi} \int_{-\pi}^{\pi} e^{-imx} e^{inx} \, dx = \frac{1}{2\pi} \int_{-\pi}^{\pi} e^{i(n-m)x} \, dx$$

$$= \begin{cases} \dfrac{1}{2\pi} \left[\dfrac{1}{i(n-m)} e^{i(n-m)x} \right]_{-\pi}^{\pi} & (n \neq m), \\ 1 & (n = m) \end{cases}$$

$$= \begin{cases} 0 & (n \neq m) \\ 1 & (n = m) \end{cases} = \delta_{nm}.$$

ここで δ_{nm} はクロネッカーのデルタ記号である．上にでてきた e^{imx}, e^{inx} の内積の結果をみると，異なる整数に対応する指数関数の内積はゼロだから互いに直交し，同じ整数に対応する指数関数の内積は1だから，その指数関数は〔長さ〕＝1であることがわかる．これらのことは指数関数系の (4.6) が，ベクトルの直交規格性 (4.1) と同様な関係であることを表す．

周期関数 $f(x)$ は直交規格関数系 e^{inx} の1次結合の形に展開される：

$$(4.7) \qquad f(x) = \sum_{n=-\infty}^{\infty} c_n e^{inx}.$$

この式を $f(x)$ の**複素フーリエ展開**という．展開係数 c_n は内積

$$(4.8) \qquad c_n = (e^{inx}, f(x)) = \frac{1}{2\pi} \int_{-\pi}^{\pi} (e^{inx})^* f(x) \, dx$$

によって得ることができる．c_n は複素数である．

§4. 複素フーリエ展開

《参考》 ベクトル空間と複素フーリエ展開の対応関係を表にまとめると次のようになる．

ベクトル空間	複素フーリエ展開
$\boldsymbol{e}_n$	e^{inx}
$(\boldsymbol{e}_m, \boldsymbol{e}_n) = \boldsymbol{e}_m \cdot \boldsymbol{e}_n = \delta_{mn}$	$(e^{imx}, e^{inx}) = \delta_{nm}$
$\boldsymbol{A} = a_1 \boldsymbol{e}_1 + a_2 \boldsymbol{e}_2 + \cdots + a_N \boldsymbol{e}_N$	$f(x) = \sum_{n=-\infty}^{\infty} c_n e^{inx}$
$a_n = (\boldsymbol{e}_n, \boldsymbol{A})$	$c_n = (e^{inx}, f(x)) = \dfrac{1}{2\pi} \displaystyle\int_{-\pi}^{\pi} (e^{inx})^* f(x)\, dx$

この表のように複素フーリエ展開もベクトル空間と非常によく似た性質をもっていることに注意しよう． ◇

例題 4.1 $z = x + iy$ の x, y をそれぞれ z の実数部分，虚数部分といい，$\mathrm{Re}\, z$, $\mathrm{Im}\, z$ と書く（Re は real, Im は imaginary からきている）．次を示せ．

（1） $\mathrm{Re}\, z = \dfrac{1}{2}(z + z^*)$, $\mathrm{Im}\, z = \dfrac{1}{2i}(z - z^*)$ と書ける．

（2） z の絶対値 $|z|$ を $|z| = \sqrt{x^2 + y^2}$ で定義すると，$|z|^2 = z^* z$ と書ける．

（3） z が実数ならば $z = z^*$, z が純虚数なら $z = -z^*$ となる．

［解］ （1） $z = x + iy$, $z^* = x - iy$ から
$$\mathrm{Re}\, z = x = \frac{1}{2}\{(x+iy) + (x-iy)\} = \frac{1}{2}(z + z^*),$$
$$\mathrm{Im}\, z = y = \frac{1}{2i}\{(x+iy) - (x-iy)\} = \frac{1}{2i}(z - z^*).$$

（2） $z = x + iy$, $z^* = x - iy$ から
$$z^* z = (x+iy)(x-iy) = x^2 + y^2 = |z|^2.$$

（3） (1)から z が実数なら $\mathrm{Im}\, z = (z - z^*)/2i = 0$．よって $z = z^*$ となる．z が純虚数なら，$\mathrm{Re}\, z = (z + z^*)/2 = 0$．よって $z = -z^*$ となる． ◇

例題 4.2 周期 2π の関数 $f(x) = \dfrac{a_0}{2} + \sum\limits_{n=1}^{\infty}(a_n\cos nx + b_n\sin nx)$ を次のように展開したとき，a_n, b_n を c_n を用いて表せ．

$$f(x) = \sum_{n=-\infty}^{\infty} c_n e^{inx}$$

[解]
$$\sum_{n=-\infty}^{\infty} c_n e^{inx} = c_0 + \sum_{n=1}^{\infty}(c_n e^{inx} + c_{-n} e^{-inx})$$
$$= c_0 + \sum_{n=1}^{\infty}\{c_n(\cos nx + i\sin nx) + c_{-n}(\cos nx - i\sin nx)\}.$$

したがって，
$$a_0 = 2c_0 ; \quad a_n = c_n + c_{-n} \ (n \geq 1) ; \quad b_n = i(c_n - c_{-n}) \ (n \geq 1). \quad \diamondsuit$$

例題 4.3 $f(x)$ が実関数であるためには，$f(x)$ の複素フーリエ展開の係数 c_n はどのような性質を満たさねばならないか．

[解] $f^*(x) = f(x)$ だから
$$f^*(x) = \sum_{n=-\infty}^{\infty} c_n^* e^{-inx} = \sum_{m=-\infty}^{\infty} c_{-m}^* e^{imx} = f(x) = \sum_{m=-\infty}^{\infty} c_m e^{imx}.$$

よって $c_{-m}^* = c_m$ あるいは同じことだが $c_m^* = c_{-m}$ (m：整数) を満たさねばならない． $\diamondsuit$

練 習 問 題 4

1. (4.7) を用いて，c_n が (4.8) のように与えられることを示せ．

2. 周期 2π の 2 つの関数 $f(x), g(x)$ が等しいためには $f(x) = \sum\limits_{n=-\infty}^{\infty} c_n e^{inx}$, $g(x) = \sum\limits_{n=-\infty}^{\infty} d_n e^{inx}$ と複素フーリエ展開したとき，$c_n = d_n$ (n：整数) とならねばならないことを示せ．

3.
$$f(x) = \frac{1-t^2}{1-2t\cos x + t^2} \quad (|t| < 1)$$

のフーリエ展開は次の式で与えられることを示せ：
$$f(x) = \sum_{n=-\infty}^{\infty} t^{|n|} e^{inx} = 1 + 2\sum_{n=1}^{\infty} t^n \cos nx.$$

§5. フーリエ級数と再現性

周期 2π の関数 $f(x)$ は

(5.1) $$f(x) = \sum_{n=-\infty}^{\infty} c_n e^{inx}$$

(5.2) $\quad c_n = (e^{inx}, f(x))$

$$= \frac{1}{2\pi} \int_{-\pi}^{\pi} (e^{inx})^* f(x)\, dx = \frac{1}{2\pi} \int_{-\pi}^{\pi} e^{-inx} f(x)\, dx$$

のようにフーリエ級数に展開されるが，(5.1)の右辺の級数は，$f(x)$ を正しく再現するかどうかを検討しよう．答は，

「$f(x)$ が区分的になめらかな周期 2π の関数であるとき，右辺は

(5.3) $$\frac{1}{2}\{f(x+0) + f(x-0)\}$$

を与える．」

という定理である．ここで $f(x+0)$，$f(x-0)$ はそれぞれ x に右から近づけたとき(右極限)と左から近づけたとき(左極限)の $f(x)$ の極限値を表す．区分的になめらかな関数は有限個の不連続点をもつことが許される．不連続点では，(5.3)は左極限値と右極限値の相加平均となり，他のすべての連続点では，もとの関数 $f(x)$ を与える．この節では，内容はやや高度だが，上述の定理を証明する．

ディリクレ積分核

フーリエ級数の部分和 $S_N(x)$ を

(5.4) $$S_N(x) = \sum_{n=-N}^{N} c_n e^{inx}$$

と書く．証明したいことは (5.2) から

(5.5) $$\lim_{N \to \infty} S_N(x) = \frac{1}{2}\{f(x+0) + f(x-0)\}$$

§5. フーリエ級数と再現性

を導くことである．$S_N(x)$ は

$$(5.6) \quad S_N(x) = \sum_{n=-N}^{N} c_n e^{inx} = \sum_{n=-N}^{N} \left\{ \frac{1}{2\pi} \int_{-\pi}^{\pi} (e^{inx'})^* f(x') \, dx' \right\} e^{inx}$$

と書けるから，積分と和の順序を入れ替えると，

$$(5.7) \quad S_N(x) = \int_{-\pi}^{\pi} \left\{ \frac{1}{2\pi} \sum_{n=-N}^{N} e^{in(x-x')} \right\} f(x') \, dx'$$

となる．これを

$$(5.8) \quad S_N(x) = \int_{-\pi}^{\pi} D_N(x - x') f(x') \, dx'$$

と書く．ここで $D_N(x)$ は**ディリクレ積分核**と呼ばれる量で

$$(5.9) \quad D_N(x) = \frac{1}{2\pi} \sum_{n=-N}^{N} e^{inx}$$

である．$D_N(x)$ は次の性質をもつ．

（ i ） 偶関数である． （ ii ） 周期 2π をもつ．

(5.9) は次のように書き直すことができる（証明は練習問題とする）：

$$(5.10) \quad D_N(x) = \frac{1}{2\pi} \{ e^{-iNx} + \cdots + e^{-ix} + 1 + e^{ix} + \cdots + e^{iNx} \}$$

$$= \frac{1}{2\pi} \frac{\sin\left(N + \frac{1}{2}\right)x}{\sin\frac{x}{2}}.$$

さらに

$$(5.11) \quad \int_{-\pi}^{\pi} D_N(x) \, dx = 1,$$

$$(5.12) \quad \int_{0}^{\pi} D_N(x) \, dx = \frac{1}{2}, \quad \int_{-\pi}^{0} D_N(x) \, dx = \frac{1}{2}$$

の性質をもつ．(5.12) は，(5.11) と $D_N(x)$ が偶関数であることからわかる．$-\pi \leq x < \pi$ で考えると，$D_N(x)$ は $N \to$ 大 では，$x = 0$ に鋭いピーク $\left(\text{高さ} = \left(N + \frac{1}{2}\right) \middle/ \pi \right)$ をもち，$x = n\pi \middle/ \left(N + \frac{1}{2}\right)$（$n = \pm 1, \pm 2, \cdots, \pm N$）にゼロ点をもつ激しい振動関数である．くわしくは108ページの補足Bで改めて述べる．

リーマン・ルベッグの定理

さて (5.5) を示すために次の差を考える．

(5.13) $\qquad S_N(x) - \dfrac{1}{2}\{f(x+0) + f(x-0)\}.$

示したいことは，$N \to \infty$ で (5.13) がゼロに近づくことである．(5.13) は

(5.14)

$$\begin{aligned}
(5.13) &= \int_{-\pi}^{\pi} f(x') D_N(x'-x)\, dx' - \frac{1}{2}\{f(x+0) + f(x-0)\} \\
&= \int_{-\pi-x}^{\pi-x} f(x+t) D_N(t)\, dt - \frac{1}{2}\{f(x+0) + f(x-0)\} \\
&= \int_{-\pi}^{\pi} f(x+t) D_N(t)\, dt - \frac{1}{2}\{f(x+0) + f(x-0)\} \quad ① \\
&= \int_{0}^{\pi} f(x+t) D_N(t)\, dt - \frac{1}{2} f(x+0) \\
&\quad + \int_{-\pi}^{0} f(x+t) D_N(t)\, dt - \frac{1}{2} f(x-0) \\
&= \int_{0}^{\pi} \{f(x+t) D_N(t) - f(x+0) D_N(t)\}\, dt \\
&\quad + \int_{-\pi}^{0} \{f(x+t) D_N(t) - f(x-0) D_N(t)\}\, dt \quad ② \\
&= \int_{0}^{\pi} \{f(x+t) - f(x+0)\} D_N(t)\, dt \\
&\quad + \int_{-\pi}^{0} \{f(x+t) - f(x-0)\} D_N(t)\, dt \\
&= \frac{1}{\pi} \int_{0}^{\pi} \frac{f(x+t) - f(x+0)}{2\sin\dfrac{t}{2}} \sin\!\left(N + \frac{1}{2}\right)\!t\, dt \\
&\quad + \frac{1}{\pi} \int_{-\pi}^{0} \frac{f(x+t) - f(x-0)}{2\sin\dfrac{t}{2}} \sin\!\left(N + \frac{1}{2}\right)\!t\, dt \quad ③
\end{aligned}$$

のように書き直すことができる．ここで①を得るときに $f(x)$ と $D_N(x)$ の周期性を使い，②を得るには (5.12) を使った．

$f(x)$ が区分的になめらかであるので，

§5. フーリエ級数と再現性

$$\frac{f(x+t)-f(x+0)}{2\sin\frac{t}{2}} \quad \text{と} \quad \frac{f(x+t)-f(x-0)}{2\sin\frac{t}{2}}$$

は区分的に連続である．第 1 式を $t \to +0$; 第 2 式を $t \to -0$ とすると，これらはそれぞれ x における右微分および左微分に近づく（$\because\ 2\sin(t/2) \sim t$）．したがって，③は，区分的に連続な関数と $\sin\left(N+\frac{1}{2}\right)t$ の積の積分となる．

$$(5.15) \quad \sin\left(N+\frac{1}{2}\right)t = \sin Nt \cos\frac{t}{2} + \cos Nt \sin\frac{t}{2}$$

に注意すると，$\cos\frac{t}{2}$, $\sin\frac{t}{2}$ は連続関数だから，③は区分的に連続な関数（$= g(t)$ と書く）と $\sin Nt$, $\cos Nt$ の積の積分となる．ここで $g(t)$ は

$$(5.16) \quad \frac{f(x+t)-f(x\pm 0)}{2\sin\frac{t}{2}}\cos\frac{t}{2}, \quad \frac{f(x+t)-f(x\pm 0)}{2\sin\frac{t}{2}}\sin\frac{t}{2}$$

などである．残された課題は区分的に連続な関数 $g(t)$ について

$$(5.17) \quad \begin{cases} \int_{-\pi}^{\pi} g(t)\sin Nt\, dt \xrightarrow{N\to\infty} 0, \\ \int_{-\pi}^{\pi} g(t)\cos Nt\, dt \xrightarrow{N\to\infty} 0 \end{cases}$$

を示すことである．(5.17) は**リーマン・ルベッグの定理**と呼ばれるもので，この後で証明を与える．この証明を仮定すれば (5.17) が成り立つから③は $N\to\infty$ でゼロに近づき，(5.5) が示された．((5.16) に現れる関数は $f(x)$ が周期 2π であれば，周期 2π をもつことに注意．)

リーマン・ルベッグの定理 $g(x)$ が区分的連続とするとき，

$$(5.18) \quad I_N = \int_{-\pi}^{\pi} g(x)\sin Nx\, dx, \quad J_N = \int_{-\pi}^{\pi} g(x)\cos Nx\, dx$$

とすると次が成り立つ：

$$(5.19) \quad I_N \xrightarrow{N\to\infty} 0, \quad J_N \xrightarrow{N\to\infty} 0.$$

(5.19) の意味するところは，直観的には，ゆるやかに変化する関数 $g(x)$ と，$N\to\infty$ で激しく $+,-$ に振動する関数 $\sin Nx$ および $\cos Nx$ との積の積分は，$+$ と $-$ との寄与が互いにうち消しあって積分がゼロに近づくことを表す．

[定理の証明]　$g(x)$ は周期 2π をもつ区分的連続な関数とする．(5.18) は

$$I_N = \int_{-\pi}^{\pi} g(x)\sin Nx\, dx = -\int_{-\pi}^{\pi} g(x)\sin N\!\left(x+\frac{\pi}{N}\right) dx$$

$$= -\int_{-\pi+\frac{\pi}{N}}^{\pi+\frac{\pi}{N}} g\!\left(x-\frac{\pi}{N}\right)\sin Nx\, dx = -\int_{-\pi}^{\pi} g\!\left(x-\frac{\pi}{N}\right)\sin Nx\, dx$$

と書き換えられる．したがって，

$$I_N = \frac{1}{2}\{I_N-(-I_N)\} = \frac{1}{2}\left\{\int_{-\pi}^{\pi} g(x)\sin Nx\, dx - \int_{-\pi}^{\pi} g\!\left(x-\frac{\pi}{N}\right)\sin Nx\, dx\right\}$$

$$= \frac{1}{2}\int_{-\pi}^{\pi}\left\{g(x)-g\!\left(x-\frac{\pi}{N}\right)\right\}\sin Nx\, dx.$$

（1）　$g(x)$ が連続であるとする(不連続点をもたないとする)．任意に小さな $\varepsilon>0$ に対して十分大きな N をとると，

$$\left|g(x)-g\!\left(x-\frac{\pi}{N}\right)\right|<\varepsilon$$

とすることができる．$|\sin Nx|\leqq 1$ だから，

$$|I_N| = \frac{1}{2}\left|\int_{-\pi}^{\pi}\left\{g(x)-g\!\left(x-\frac{\pi}{N}\right)\right\}\sin Nx\, dx\right|$$

$$\leqq \frac{1}{2}\int_{-\pi}^{\pi}\left|g(x)-g\!\left(x-\frac{\pi}{N}\right)\right||\sin Nx|\, dx < \frac{1}{2}\cdot\varepsilon\cdot 2\pi = \pi\varepsilon$$

となって，$N\to\infty$ で $I_N\to 0$ となる．

（2）　$g(x)$ が有限個の不連続点(そこでのとびも有限とする)をもつときを考える．簡単のため不連続点が 1 個のときを考える．$g(x)$ は $x=a$ でとび $\varDelta$ ($=$ 有限)をもつ．それ以外では連続とする．不連続点 $x=a$ の両側での $g(x)$ を

$$g(x) = \begin{cases} g_1(x) & (-\pi\leqq x<a), \\ g_2(x) & (a<x<\pi) \end{cases}$$

と表す．すなわち，$a<x<a+\dfrac{\pi}{N}$ では $g(x)$ は $g_2(x)$ に等しく，$g\!\left(x-\dfrac{\pi}{N}\right)$

は $x - \frac{\pi}{N} < a$ だから $g_1(x)$ に等しいので，

$$\left| g(x) - g\left(x - \frac{\pi}{N}\right) \right| \xrightarrow{N \to \infty} \Delta = 有限$$

となり，小さくはとれない．しかし，(1) の最後の積分の中で，$a < x < a + \frac{\pi}{N}$ の寄与は，任意に小さな $\varepsilon > 0$ に対して，十分大きな N をとると，

$$\frac{1}{2} \left| \int_a^{a+\frac{\pi}{N}} \left\{ g(x) - g\left(x - \frac{\pi}{N}\right) \right\} \sin Nx \, dx \right| < \frac{1}{2}(\Delta + \varepsilon) \frac{\pi}{N}$$

となるから，

$$|I_N| = \frac{1}{2} \left| \left\{ \int_{-\pi}^{a} + \int_a^{a+\frac{\pi}{N}} + \int_{a+\frac{\pi}{N}}^{\pi} \right\} \left(\left\{ g(x) - g\left(x - \frac{\pi}{N}\right) \right\} \sin Nx \right) dx \right|$$

$$< \frac{1}{2} \left\{ \varepsilon(a - (-\pi)) + (\Delta + \varepsilon) \frac{\pi}{N} + \varepsilon\left(\pi - \left(a + \frac{\pi}{N}\right)\right) \right\}$$

$$= \pi\varepsilon + \frac{1}{2} \frac{\Delta \cdot \pi}{N} \xrightarrow{N \to \infty,\ \varepsilon \to 0} 0$$

となる．

(3) 不連続点が 1 個でなくても，有限個であればやはり

$$\frac{1}{2} \frac{\Delta \cdot \pi}{N} \times (有限個) \xrightarrow{N \to \infty} 0$$

だから $|I_N| \to 0$ となる．

同様の道筋で $J_N \xrightarrow{N \to \infty} 0$ がいえる． ◇

練 習 問 題 5

1. $N = 5$ の場合の $D_N(x)$ を $x = -\pi$ から $x = 3\pi$ の区間でグラフにせよ．

2. 式 (5.10) を示せ．

3. 次の式 ((5.10) を (5.11) に代入したもの) が成り立つことを示せ．

$$\frac{1}{2\pi} \int_{-\pi}^{\pi} \frac{\sin\left(N + \frac{1}{2}\right)x}{\sin \frac{x}{2}} \, dx = 1.$$

§6. フーリエ変換

周期の変更とフーリエ変換

周期の変更　いままで周期 2π の関数のフーリエ級数を考えてきた．例えば，$f(x) = f(x + 2\pi)$ を満たす関数は次のようにフーリエ級数に展開された：

$$(6.1) \qquad f(x) = \frac{a_0}{2} + \sum_{n=1}^{\infty} (a_n \cos nx + b_n \sin nx),$$

$$(6.2) \qquad a_n = \frac{1}{\pi} \int_{-\pi}^{\pi} f(x) \cos nx\, dx,$$

$$(6.3) \qquad b_n = \frac{1}{\pi} \int_{-\pi}^{\pi} f(x) \sin nx\, dx.$$

ここで関数の周期を 2π から $2L$（$L =$ 任意の正の実数）へ変更することを考えよう．

$$(6.4) \qquad y = \frac{L}{\pi} x$$

で変数の変換を定義すると，x について $-\pi \leqq x < \pi$（周期 2π）の区間は y について $-L \leqq y < L$（周期 $2L$）の区間に変更される．積分要素も

$$dy = \frac{L}{\pi} dx \quad \text{すなわち} \quad \frac{1}{\pi} dx = \frac{1}{L} dy$$

となる．$\cos nx = \cos \dfrac{n\pi}{L} y$, $\sin nx = \sin \dfrac{n\pi}{L} y$ によって

$$(6.5) \qquad f(x) = f\left(\frac{\pi}{L} y\right) = g(y)$$

とおくと

$$(6.6) \qquad a_n = \frac{1}{L} \int_{-L}^{L} g(y) \cos\left(\frac{n\pi}{L} y\right) dy,$$

$$(6.7) \qquad b_n = \frac{1}{L} \int_{-L}^{L} g(y) \sin\left(\frac{n\pi}{L} y\right) dy,$$

(6.8) $$g(y) = \frac{a_0}{2} + \sum_{n=1}^{\infty} \left(a_n \cos \frac{n\pi}{L} y + b_n \sin \frac{n\pi}{L} y \right)$$

となる．このとき $g(y)$ は次の周期性を満たす：

(6.9) $$g(y + 2L) = g(y).$$

複素フーリエ変換の場合を考える．周期が 2π のときは

(6.10) $$f(x) = \sum_{n=-\infty}^{\infty} c_n e^{inx},$$

(6.11) $$c_n = \frac{1}{2\pi} \int_{-\pi}^{\pi} e^{-inx} f(x) \, dx$$

であるから，周期が $2L$ のときの展開係数 c_n は

(6.12) $$c_n = \frac{1}{2\pi} \int_{-L}^{L} e^{-i\frac{n\pi y}{L}} g(y) \left(\frac{\pi}{L} dy \right) = \frac{1}{2L} \int_{-L}^{L} e^{-i\frac{n\pi y}{L}} g(y) \, dy$$

となる．このとき，$g(y)$ は

(6.13) $$g(y) = \sum_{n=-\infty}^{\infty} c_n e^{i\frac{n\pi y}{L}}$$

となる．以上により任意の L について，周期 $2L$ の場合に拡張された．

フーリエ変換　　いままでは，フーリエ係数はとびとび(離散的)な変数 n (関数に対する本来の変数 x などとは違うが，これも変数と呼ぶことにする)によって目印が付けられてきた．さて，$L \to \infty$ の極限を考えることによって，この係数が連続的な変数 k によって目印が付けられるようにしよう．このとき，もとの関数 $g(y)$ は y について無限領域 $(-\infty, \infty)$ ($\because L \to \infty$) で定義されており，フーリエ係数は連続変数 k の関数の形をとる．(6.13) をもとにして変数 n の代りに変数 k を

$$k = \frac{n\pi}{L}$$

とし，c_n により定義される $\tilde{g}_L(k)$ を導入し

$$\tilde{g}_L(k) = 2L c_n = \int_{-L}^{L} e^{-iky} g(y) \, dy$$

とおく．n と $n+1$ の差を $\Delta n (=1)$ と書くと $\Delta k = \frac{\pi}{L} \Delta n$ だから

(6.14) $$g(y) = \sum_{n=-\infty}^{\infty} \Delta n\, c_n\, e^{i\frac{n\pi y}{L}} = \frac{1}{2\pi} \sum_{n=-\infty}^{\infty} \Delta k \cdot 2L\, c_n\, e^{i\frac{n\pi y}{L}}$$

となり，L を無限大に近づけると，Δk は積分要素 dk に置き換えられ，和は積分に置き換えられる：

(6.15) $$g(y) = \frac{1}{2\pi} \int_{-\infty}^{\infty} \tilde{g}(k)\, e^{iky}\, dk.$$

ここで

(6.16) $$\tilde{g}(k) = \lim_{L \to \infty} \tilde{g}_L(k)$$

であり，

(6.17) $$\tilde{g}(k) = \int_{-\infty}^{\infty} g(y)\, e^{-iky}\, dy$$

となる．$L \to \infty$ においては，y の関数 $g(y)$ も，k の関数 $\tilde{g}(k)$ もそれぞれ，$-\infty < y < \infty$ と $-\infty < k < \infty$ とで定義されている．

$\tilde{g}(k)$ を $g(y)$ の**フーリエ変換**（式 (6.17)）といい，$g(y)$ を $\tilde{g}(k)$ の**フーリエ逆変換**（式 (6.15)）という．(6.15) と (6.17) とは最も重要な式である．(6.17) からわかるように，無限領域において定義される関数 $g(y)$ が次の性質をもつとき，フーリエ変換 $\tilde{g}(k)$ は各 k において有限となる：

（1） $g(y)$ は区分的になめらかである．

（2） $\int_{-\infty}^{\infty} |g(y)|\, dy = $ 有限．

《参考》 $$k = \frac{n\pi}{L} = \frac{n}{2L} 2\pi = \frac{1}{\lambda} 2\pi$$

は物理学では波数と呼ばれる量で，量子力学では k の定数倍 $p = \hbar k$ は，運動量を表す（ここで $\hbar = h/2\pi$，$h = $ プランク定数）．上の関係において波長 λ は $2L$ を n 等分したものであることを用いた．空間の位置を x とすると位置の関数のフーリエ変換は波数 k，したがって運動量 p の関数であることを表している．量子力学における位置と運動量の不確定性関係はこのことの反映である（後ででてくるガウス積分のところを参照（§9））． ◇

フーリエ変換の応用

例題 6.1 $f(x) = e^{-c|x|}$ ($c > 0$) をフーリエ変換せよ．

[解] $f(x)$ のフーリエ変換 $\tilde{f}(k)$ は

$$\tilde{f}(k) = \int_{-\infty}^{\infty} e^{-c|x|} e^{-ikx} dx$$
$$= \int_{-\infty}^{0} e^{cx-ikx} dx + \int_{0}^{\infty} e^{-cx-ikx} dx.$$

$x' = -x$ とおくと右辺第1項は

$$\int_{-\infty}^{0} e^{cx-ikx} dx = \int_{0}^{\infty} e^{-cx'+ikx'} dx'$$
$$= \frac{1}{-c+ik} \left[e^{-cx'+ikx'} \right]_{0}^{\infty} = \frac{1}{c-ik}$$

となる．また，

$$\int_{0}^{\infty} e^{-cx-ikx} dx = \frac{1}{c+ik}$$

だから

$$\tilde{f}(k) = \frac{1}{c-ik} + \frac{1}{c+ik} = \frac{2c}{c^2+k^2}. \quad \diamondsuit$$

例題 6.2 $\tilde{f}(k) = \dfrac{2c}{c^2+k^2}$ ($c > 0$) をフーリエ逆変換せよ．

[解] $\tilde{f}(k)$ のフーリエ逆変換 $f(x)$ は

$$f(x) = \frac{1}{2\pi} \int_{-\infty}^{\infty} \frac{2c}{c^2+k^2} e^{ikx} dk.$$

被積分関数を部分分数に展開する：

$$\frac{2c}{c^2+k^2} = \frac{1}{i} \left[\frac{1}{k-ic} - \frac{1}{k+ic} \right]$$

だからこれらはkを複素数とする複素平面上で $k = ic$ と $k = -ic$ とに<u>1位の極</u>をもつ．

$$f(x) = \frac{1}{2\pi i} \int_{-\infty}^{\infty} \left\{ \frac{1}{k-ic} - \frac{1}{k+ic} \right\} e^{ikx} dk$$

をコーシーの留数定理（p.41の《参考》を参照）を用いて評価する．

§6. フーリエ変換

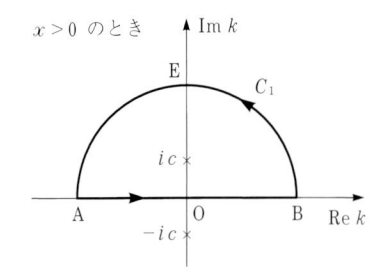

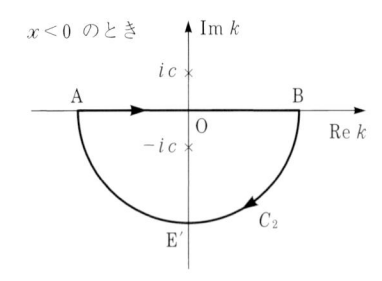

上の図を参考にして，$x>0$ で
$$I_{R_1} = \int_{\text{上半円周}} \frac{1}{k \pm ic} e^{ikx} \, dk$$
を評価する．上半円周 R_1 上で $k = Re^{i\theta}$, $dk = iRe^{i\theta}\,d\theta$ だから R が大きいとして

$$|I_{R_1}| \leq \int_0^\pi \left|\frac{e^{iRx(\cos\theta + i\sin\theta)}}{Re^{i\theta} \pm ic} iRe^{i\theta}\right| d\theta \sim \int_0^\pi e^{-Rx\sin\theta}\,d\theta$$

$$= 2\int_0^{\frac{\pi}{2}} e^{-Rx\sin\theta}\,d\theta \leq 2\int_0^{\frac{\pi}{2}} e^{-Rxa\theta}\,d\theta = \frac{2}{Rxa}(1 - e^{-Rxa\pi/2}) \xrightarrow{R\to\infty} 0.$$

ここで a は $0 \leq \theta \leq \dfrac{\pi}{2}$ における $\dfrac{\sin\theta}{\theta}$ (>0) の最小値 $(=2/\pi)$ である．したがって I_{R_1} は $R \to \infty$ で 0 となる．

同様にして，$x<0$ では下半円周 R_2 上で
$$I_{R_2} = \int_{\text{下半円周}} \frac{1}{k \pm ic} e^{ikx}\,dk \xrightarrow{R\to\infty} 0.$$

以上より，$x>0$ では，閉曲線 C_1 に沿った積分
$$I_{C_1} = \frac{1}{2\pi i}\int_{C_1} \left\{\frac{1}{k-ic} - \frac{1}{k+ic}\right\} e^{ikx}\,dk = I_{\text{AOB}} + I_{\text{BEA}}$$
は $x>0$ でコーシーの留数定理を使って求めると，閉曲線 C_1 の内部にある極 $k=ic$ のみが寄与し，$I_{C_1} = \dfrac{1}{2\pi i}(2\pi i)\, e^{i(ic)x} = e^{-cx}$ となる．

$R \to \infty$ で $I_{\text{AOB}} \to f(x)$, $I_{\text{BEA}} = \dfrac{1}{2\pi i} I_{R_1} \to 0$ だから，
$$I_{C_1} = f(x) + 0 = e^{-cx}.$$
したがって，次を得る：
$$f(x) = e^{-cx}.$$

§6. フーリエ変換

同様にして $x < 0$ では，閉曲線 C_2 に沿った積分

$$I_{C_2} = \frac{1}{2\pi i} \int_{C_2} \left\{ \frac{1}{k-ic} - \frac{1}{k+ic} \right\} e^{ikx} \, dk = I_{\text{AOB}} + I_{\text{BE'A}}$$

は閉曲線 C_2 の内部にある $k = -ic$ の極のみが寄与し，閉曲線 C_2 の向きが「標準的な向き(= 反時計まわり)」と逆であるから次式を得る：

$$I_{C_2} = \frac{1}{2\pi i}(-(-2\pi i))\, e^{i(-ic)x} = e^{cx}.$$

$R \to \infty$ で $I_{\text{AOB}} \to f(x)$, $I_{\text{BE'A}} = \dfrac{1}{2\pi i} I_{R_2} \to 0$ だから，

$$I_{C_2} = f(x) + 0 = e^{cx}$$

を得る．したがって，

$$f(x) = e^{cx}$$

となる．以上をまとめてすべての x について

$$f(x) = e^{-c|x|}. \quad \diamondsuit$$

《参考》 コーシーの留数定理

複素数 $z = x + iy$ の関数 $f(z)$ を考え，$z - a$ について展開する：

(6.18) $\quad f(z) = \dfrac{R_m}{(z-a)^m} + \cdots + \dfrac{R_1}{z-a} + h_0 + h_1(z-a) + \cdots.$

ここで $m > 0$ とする．複素数を 2 次元平面 (x, y) 上の点で表す．この平面を複素平面と呼ぶ．$\dfrac{1}{(z-a)^n}$ ($n = 1, 2, \cdots, m$) は $z = a$ で無限大になり，**n 位の極**と呼ばれる．このような点を**特異点**という．$f(z)$ を複素平面上の閉曲線 C に沿って積分する．閉曲線 C が点 a のまわりを取り囲み，積分路の向きが「標準的な向き(= 反時計まわり)」のときは，積分の結果は $1/(z-a)$ の係数 R_1 (これを**留数**という)に等しくなり，

(6.19) $\quad \dfrac{1}{2\pi i} \oint_C f(z) \, dz = R_1$

となる．記号 $\oint_C$ は閉曲線 C 上を一周積分することを表す．C が点 a を取り囲まないときは積分結果は 0 となる．積分路の向きが「標準的な向き(= 反時計まわり)」と反対方向のときは結果は符号が逆になり $-R_1$ を与える． $\diamondsuit$

たたみこみとパーセバルの等式

たたみこみ　　$g_1(x), g_2(x)$ からつくられる次の関数を g_1 と g_2 の**たたみこみ**といい $g_1 * g_2$ と書く：

$$(6.20) \quad g_1 * g_2(x) = \int_{-\infty}^{\infty} g_1(y) \, g_2(x-y) \, dy .$$

$g_1(x), g_2(x)$ は，ともに区分的に連続で，無限区間でのそれぞれの絶対値の積分が有限であるとする（絶対可積分）．たたみこみと，g_1, g_2 のフーリエ変換 $\tilde{g}_1, \tilde{g}_2$ の関係を見てみよう．そのために，たたみこみを g_1 と g_2 のフーリエ変換を用いて表すと

$$(6.21) \quad g_1 * g_2(x)$$
$$= \int_{-\infty}^{\infty} \left\{ \frac{1}{2\pi} \int_{-\infty}^{\infty} \tilde{g}_1(k) \, e^{iky} \, dk \times \frac{1}{2\pi} \int_{-\infty}^{\infty} \tilde{g}_2(k') \, e^{ik'(x-y)} \, dk' \right\} dy$$

であるから，k, k' と y の積分の順序を入れ替えて

$$= \frac{1}{2\pi} \int_{-\infty}^{\infty} \tilde{g}_1(k) \left\{ \int_{-\infty}^{\infty} \tilde{g}_2(k') \, e^{ik'x} \left(\frac{1}{2\pi} \int_{-\infty}^{\infty} e^{i(k-k')y} \, dy \right) dk' \right\} dk$$
$$= \frac{1}{2\pi} \int_{-\infty}^{\infty} \tilde{g}_1(k) \left(\int_{-\infty}^{\infty} \tilde{g}_2(k') \, e^{ik'x} \delta(k-k') \, dk' \right) dk \quad [1)$$
$$= \frac{1}{2\pi} \int_{-\infty}^{\infty} \tilde{g}_1(k) \, \tilde{g}_2(k) \, e^{ikx} \, dk$$

となる．すなわち，「たたみこみのフーリエ変換は，それぞれのフーリエ変換 $\tilde{g}_1(k)$ と $\tilde{g}_2(k)$ の単なる積となる」．

同様に

$$(6.22) \quad g_2 * g_1(x) = \frac{1}{2\pi} \int_{-\infty}^{\infty} \tilde{g}_2(k) \, \tilde{g}_1(k) \, e^{ikx} \, dk$$

となる．$\tilde{g}_1(k) \tilde{g}_2(k) = \tilde{g}_2(k) \tilde{g}_1(k)$ だから $g_2 * g_1(x) = g_1 * g_2(x)$ が成り立つ．これを**交換則**という．たたみこみは交換則を満たす．

---

1)　$\delta(k-k')$ はディラックのデルタ関数と呼ばれ $\delta(k-k') = \dfrac{1}{2\pi} \int_{-\infty}^{\infty} e^{i(k-k')y} \, dy$ で定義され，任意の関数 $f(k)$ に対し $\int_{-\infty}^{\infty} f(k') \delta(k-k') \, dk' = f(k)$ なる性質をもつことを用いた．くわしくは §7 で述べる（式 (7.15), (7.17)）．

§6. フーリエ変換

パーセバルの等式 $g(x) = \dfrac{1}{2\pi}\int_{-\infty}^{\infty}\tilde{g}(k)\,e^{ikx}\,dk$ ($\tilde{g}(k)$ は $g(x)$ のフーリエ変換) からその複素共役をとると $g^*(x) = \dfrac{1}{2\pi}\int_{-\infty}^{\infty}\tilde{g}^*(k)\,e^{-ikx}\,dk$ だから $g^*(-x) = \dfrac{1}{2\pi}\int_{-\infty}^{\infty}\tilde{g}^*(k)\,e^{ikx}\,dk$ となる. すなわち $g^*(-x)$ のフーリエ変換は $g(x)$ のフーリエ変換 $\tilde{g}(k)$ の共役 $\tilde{g}^*(k)$ である. $g(x)$ と $g^*(-x)$ とのたたみこみをつくると, (6.21) から

$$(6.23)\quad \int_{-\infty}^{\infty} g(t)\,g^*(-(x-t))\,dt = \frac{1}{2\pi}\int_{-\infty}^{\infty} \tilde{g}(k)\,\tilde{g}^*(k)\,e^{ikx}\,dk.$$

左辺は $\int_{-\infty}^{\infty} g(t)\,g^*(t-x)\,dt$ だから, 両辺で $x=0$ とおくと

$$(6.24)\quad \int_{-\infty}^{\infty} g(t)\,g^*(t)\,dt = \frac{1}{2\pi}\int_{-\infty}^{\infty} \tilde{g}(k)\,\tilde{g}^*(k)\,dk$$

が得られる. t を x と書いて

$$(6.25)\quad \int_{-\infty}^{\infty} |g(x)|^2\,dx = \frac{1}{2\pi}\int_{-\infty}^{\infty} |\tilde{g}(k)|^2\,dk.$$

これはフーリエ級数で現れたパーセバルの等式のフーリエ変換での形である.

(6.20) と (6.21) において, $x=0$ とおいた

$$(6.26)\quad \int_{-\infty}^{\infty} g_1(y)\,g_2(-y)\,dy = \frac{1}{2\pi}\int_{-\infty}^{\infty} \tilde{g}_1(k)\,\tilde{g}_2(k)\,dk$$

も**パーセバルの等式**と呼ばれる. (6.25) は $g_1(y)=g(y)$, $g_2(y)=g^*(-y)$ ととった場合である.

練習問題 6

1. 式 (6.5) で定義された $g(y)$ が周期 $2L$ をもつことを示せ.

2. $\tilde{g}_1(k)\,\tilde{g}_2(k)$ のフーリエ逆変換は $g_1 * g_2$ となることを示せ.

3. たたみこみの定義 (6.20) のみを使って交換則を示せ.

4. たたみこみは結合則 $(g_1 * g_2) * g_3 = g_1 * (g_2 * g_3)$ を満たすことを示せ.

§ 7. デルタ関数（1）

ディラックのデルタ関数

(6.12), (6.13) から

(7.1) $$c_n = \frac{1}{2L}\int_{-L}^{L} e^{-i\frac{n\pi y}{L}}\left\{\sum_{m=-\infty}^{\infty} c_m e^{i\frac{m\pi y}{L}}\right\} dy$$

$$= \sum_{m=-\infty}^{\infty} \frac{\pi}{L} c_m \frac{1}{2\pi}\int_{-L}^{L} e^{-i\left(\frac{m\pi}{L}-\frac{n\pi}{L}\right)y} dy$$

$$= \sum_{m=-\infty}^{\infty} \frac{\pi}{L} c_m \, \delta_L\!\left(\frac{m\pi}{L}-\frac{n\pi}{L}\right).$$

計算の途中で和と積分の順序を入れ替えた．(7.1) において

(7.2) $$\delta_L\!\left(\frac{m\pi}{L}-\frac{n\pi}{L}\right) = \frac{1}{2\pi}\int_{-L}^{L} e^{-i\left(\frac{m\pi}{L}-\frac{n\pi}{L}\right)y} dy$$

によって δ_L を定義した．(7.2) から明らかなように，δ_L は整数変数 m, n についての $(L/\pi)\times$〔クロネッカーのデルタ〕を与える．すなわち，

(7.3) $$\delta_L\!\left(\frac{m\pi}{L}-\frac{n\pi}{L}\right) = \frac{L}{\pi}\delta_{mn} \qquad (m, n:整数).$$

これにより，(7.1) の右辺が左辺を再現することがわかる．$k = m\pi/L$, $k' = n\pi/L$ とおくと (7.2) は

(7.4) $$\delta_L(k-k') = \frac{1}{2\pi}\int_{-L}^{L} e^{-i(k-k')y} dy$$

と書ける．(7.4) において $k-k'$ をあらためて k とおくと次のようになる：

(7.5) $$\delta_L(k) = \frac{1}{2\pi}\int_{-L}^{L} e^{-iky} dy = \frac{1}{2\pi}\frac{1}{ik}(e^{ikL} - e^{-ikL})$$

$$= \frac{1}{\pi k}\sin kL.$$

この関数 $\delta_L(k)$ の $L \to$ 大 での性質を見ておこう．$L=4$ と 10 の場合を図示すると次のページの図のようになる（上：$L=4$, 下：$L=10$）．

§7. デルタ関数（I）

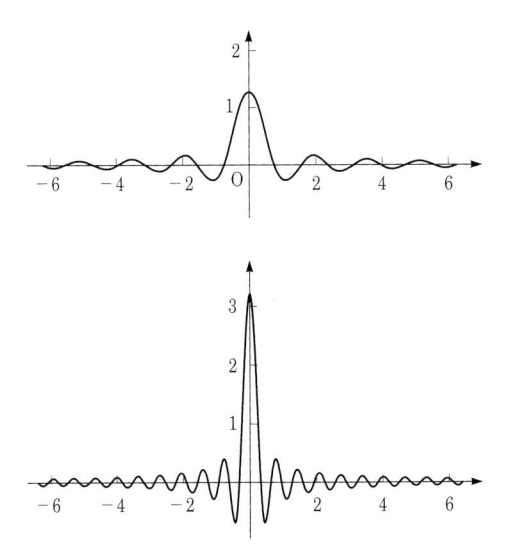

　図からわかるように，$L \to$ 大（有限の範囲で考える）にすると $k=0$ でのピークは $\delta_L(0) = L/\pi \to$ 大 となり，$\sin kL$ から生じるゼロ点は，π/L のすべての整数倍（0以外）のところに存在するので，$L \to$ 大 とともに $\delta_L(k)$ の振動は非常に激しくなる．そこで，あらためて

(7.6) $$\delta(k) = \lim_{L \to \infty} \delta_L(k)$$

と定義したものをディラックの**デルタ関数**という．

　(7.6) からわかるようにディラックのデルタ関数は各 k での値が確定しているわけではなく，$L \to$ 大 とともに $\delta_L(k)$ の値は変わっていくが，以下で見るように<u>定積分としては一定の値をもつ</u>．(7.5) から $\delta_L(k)$ は偶関数だから $k \to -k$ と置き換えて，

(7.7) $$\delta(k) \equiv \frac{1}{2\pi} \int_{-\infty}^{\infty} e^{-iky} \, dy = \frac{1}{2\pi} \int_{-\infty}^{\infty} e^{iky} \, dy$$

と書くことができる．(7.7) と (6.17) を比べると (7.7) では $g(y) = 1$ であって，$\int_{-\infty}^{\infty} |g(y)| \, dy = $ 有限 を満たさない．しかしディラックのデルタ関数は物理では重要な役割を果たす．

デルタ関数の性質

ディラックのデルタ関数 $\delta(k)$ は $k=0$ での値のみが無限に大きく，$\delta(k)$ を含む積分には $k=0$ のみが寄与し，次の関係が成り立つ：

$$(7.8) \qquad \int_{-\infty}^{\infty} \delta(k)\,dk = 1.$$

これを考察してみよう．このために，$\delta_L(k)$ の積分を考える．まず

$$(7.9) \qquad \int_{-\infty}^{\infty} \delta_L(k)\,dk = 1 \qquad (L>0)$$

を示そう（$L=$ 任意の正の数）．$t=kL$ と変数変換をすると (7.5) から

$$(7.10) \qquad \int_{-\infty}^{\infty} \delta_L(k)\,dk = \int_{-\infty}^{\infty} \frac{\sin kL}{\pi k}\,dk = \int_{-\infty}^{\infty} \frac{\sin t}{\pi t}\,dt$$

となる．最後の結果は L が正なら，その大きさによらないことを示している．負なら最後の結果は符号を変える．さて，

$$(7.11) \qquad \int_{-\infty}^{\infty} \frac{\sin t}{\pi t}\,dt = 1$$

はコーシーの留数定理（p.41 参照）を借りてきて示せる．(7.9) で L は任意の正の数であったから，$L \to \infty$ でも成り立ち，(7.8) が得られる．

例題 7.1 次を示せ．

$$(7.12) \qquad J = \int_{-\infty}^{\infty} \frac{\sin t}{t}\,dt = \pi.$$

[解] $\displaystyle J = \frac{1}{2i}\int_{-\infty}^{\infty} \frac{e^{it}-e^{-it}}{t}\,dt$

$\displaystyle \quad = \frac{1}{2i}\left(\int_{-\infty}^{\infty} \frac{e^{it}}{t}\,dt + \int_{-\infty}^{\infty} \frac{e^{is}}{s}\,ds\right)$

$\displaystyle \quad = \frac{1}{i}\int_{-\infty}^{\infty} \frac{e^{it}}{t}\,dt = \frac{1}{i}I.$

J の積分を知るためには

$$I = \int_{-\infty}^{\infty} \frac{e^{it}}{t}\,dt$$

を求めなければならない．そのために，t を複素数に拡張しよう．積分 I は t の実軸に沿っての $-\infty$ から ∞ までの積分である．これを求めるために図のような閉曲

§7. デルタ関数 (I)

線 C ($A \to B \to E \to B' \to A' \to E' \to A$) を考える。この閉曲線 C に沿った積分 I_C は次のように表せる：

$$I_C = \oint_C \frac{e^{it}}{t} dt = I_{AB} + I_{BEB'} + I_{B'A'} + I_{A'E'A}. \qquad ①$$

$I_{AB} + I_{B'A'} = I_{\varepsilon,R}$, $I_{BEB'} = I_R$, $I_{A'E'A} = I_\varepsilon$ と書こう。$\varepsilon \to 0$, $R \to \infty$ の極限で

$$I_{\varepsilon,R} = \int_{-R}^{-\varepsilon} \frac{e^{it}}{t} dt + \int_{\varepsilon}^{R} \frac{e^{it}}{t} dt$$

は求める積分 I に近づく：$\lim_{\varepsilon \to 0, R \to \infty} I_{\varepsilon,R} = I$.

① の被積分関数は $t = 0$ に1位の極をもちそれ以外には特異点はない。$t = 0$ における留数は $[e^{it}]_{t=0} = 1$ だからコーシーの留数定理によって

$$I_C = I_{\varepsilon,R} + I_R + I_\varepsilon = 2\pi i \cdot 1 = 2\pi i. \qquad ②$$

また，下半円周上で $t = \varepsilon e^{i\theta}$ ($\varepsilon = $ 正の定数，$\theta = $ 角度変数)，$dt = i\varepsilon e^{i\theta} d\theta$ となるから

$$I_\varepsilon = \int_{A'E'A} \frac{e^{it}}{t} dt = \int_{-\pi}^{0} \frac{e^{i\varepsilon e^{i\theta}}}{\varepsilon e^{i\theta}} i\varepsilon e^{i\theta} d\theta \xrightarrow{\varepsilon \to 0} i \int_{-\pi}^{0} d\theta = i\pi$$

を得る。ここで，$\varepsilon \to 0$ において $\exp(i\varepsilon e^{i\theta}) \to 1$ であることを使った。上半円上で $t = Re^{i\theta}$ ($R = $ 正の定数，$\theta = $ 角度変数)，$dt = iRe^{i\theta} d\theta$ だから

$$I_R = \int_{BEB'} \frac{e^{it}}{t} dt = \int_{0}^{\pi} \frac{e^{iRe^{i\theta}}}{Re^{i\theta}} iRe^{i\theta} d\theta = i \int_{0}^{\pi} e^{iR(\cos\theta + i\sin\theta)} d\theta$$

となり，この積分の大きさの上限は

$$|I_R| \leq \int_{0}^{\pi} |e^{iR(\cos\theta + i\sin\theta)}| d\theta = \int_{0}^{\pi} e^{-R\sin\theta} |e^{iR\cos\theta}| d\theta = 2\int_{0}^{\frac{\pi}{2}} e^{-R\sin\theta} d\theta.$$

$0 \leq \theta \leq \frac{\pi}{2}$ では $\frac{2}{\pi} \leq \frac{\sin\theta}{\theta} \leq 1$ であるから，$\alpha = \frac{2}{\pi}$ として，$\sin\theta \geq \alpha\theta$ だから

$$\int_{0}^{\frac{\pi}{2}} e^{-R\sin\theta} d\theta \leq \int_{0}^{\frac{\pi}{2}} e^{-R\alpha\theta} d\theta = -\frac{1}{R\alpha}\left[e^{-R\alpha\theta}\right]_{0}^{\frac{\pi}{2}} = \frac{1}{R\alpha}(1 - e^{-\frac{R\alpha\pi}{2}}).$$

この値は $R \to \infty$ で 0 に近づくから，$I_{BEB'} \xrightarrow{R \to \infty} 0$ となることがわかった。したがって $R \to \infty$, $\varepsilon \to 0$ の極限で

$$I_C = I_{\varepsilon,R} + I_R + I_\varepsilon \to I + 0 + i\pi$$

となる。この値が ② により，$I_C = 2\pi i$ だから $I = \pi i$ が得られ，これにより $J = I/i = \pi$ となって (7.12) が示された。 ◇

例題 7.2 正弦積分

$$\frac{2}{\pi}\int_0^\pi \frac{\sin x}{x}dx$$

の値を誤差が 10^{-3} より小さくなるように評価せよ．

［解］ $\sin x$ のマクローリン展開は

$$\sin x = x - \frac{1}{3!}x^3 + \frac{1}{5!}x^5 - \cdots + \frac{(-1)^{n-1}}{(2n-1)!}x^{2n-1} + \cdots$$

となるから，求める積分は

$$\frac{2}{\pi}\int_0^\pi \frac{\sin x}{x}dx = \frac{2}{\pi}\int_0^\pi \left\{1 - \frac{1}{3!}x^2 + \frac{1}{5!}x^4 - \cdots + \frac{(-1)^{n-1}}{(2n-1)!}x^{2n-2} + \cdots\right\}dx$$

$$= \frac{2}{\pi}\left\{\pi - \frac{\pi^3}{3\cdot 3!} + \cdots + \frac{(-1)^{n-1}\pi^{2n-1}}{(2n-1)\cdot(2n-1)!} + \cdots\right\}$$

となる．$\dfrac{2\pi^{2n-2}}{(2n-1)\cdot(2n-1)!} < 10^{-3}$ から $n \geq 6$ が得られる．いくつかの n での誤差は右の表のようになる．$n=6$ までの和をとると，

$$\frac{2}{\pi}\int_0^\pi \frac{\sin x}{x}dx \sim 1.179$$

となる． ◇

n	$\dfrac{2\pi^{2n-2}}{(2n-1)\cdot(2n-1)!}$
5	5.8×10^{-3}
6	4.3×10^{-4}
7	2.3×10^{-5}

さて，(6.15), (6.17) を組み合わせると，

(7.13) $$g(y) = \frac{1}{2\pi}\int_{-\infty}^{\infty}\left(\int_{-\infty}^{\infty}g(y')e^{-iky'}dy'\right)e^{iky}dk$$

$$= \int_{-\infty}^{\infty}g(y')\left\{\frac{1}{2\pi}\int_{-\infty}^{\infty}e^{ik(y-y')}dk\right\}dy'.$$

(7.4), (7.6) を思い出すとこの式は

(7.14) $$g(y) = \int_{-\infty}^{\infty}g(y')\,\delta(y-y')\,dy'$$

と書ける．<u>これはディラックのデルタ関数の役割をはっきりと示している</u>．積分の中で $\delta(y-y')$ は，$y-y'=0$ となる点の寄与のみを拾い出す役割をするから (7.14) の右辺の積分の結果は $y-y'=0$ すなわち $y=y'$ のみからの寄与が残り，$g(y)$ となることを示す．

(7.8), (7.14) をまとめて，変数を x に統一して書くと，ディラックのデルタ関数は

(7.15) $$\delta(x) = \frac{1}{2\pi} \int_{-\infty}^{\infty} e^{ikx}\, dk$$

で定義され，次の性質をもつ：

(7.16) $$\int_{-\infty}^{\infty} \delta(x)\, dx = 1,$$

(7.17) $$\int_{-\infty}^{\infty} g(x)\, \delta(x-a)\, dx = g(a).$$

練 習 問 題 7

1. $f(x)$ のフーリエ変換とデルタ関数の性質を使って，次の等式を示せ．
$$\int_{-\infty}^{\infty} |f(x)|^2\, dx = \frac{1}{2\pi} \int_{-\infty}^{\infty} |\tilde{f}(k)|^2\, dk.$$
これはフーリエ変換におけるパーセバルの等式である．

2. 次の関数 $f(x)$ をフーリエ変換せよ．
$$f(x) = \begin{cases} x+1 & (-1 \leq x < 0), \\ -x+1 & (0 \leq x \leq 1), \\ 0 & (|x| > 1). \end{cases}$$

3. 前問の結果とパーセバルの等式 (6.25) を利用して次を示せ．
$$\int_{-\infty}^{\infty} \frac{\sin^4 t}{t^4}\, dt = \frac{2\pi}{3}.$$

4. 次の関数 $f(x)$ をフーリエ変換せよ．
$$f(x) = \begin{cases} 1 & (-L \leq x \leq L), \\ 0 & (|x| > L). \end{cases}$$

5. パーセバルの等式から次を示せ．
$$\int_{-\infty}^{\infty} \frac{\sin^2 kL}{k^2}\, dk = \pi L \quad \text{および} \quad \int_{-\infty}^{\infty} \frac{\sin^2 t}{t^2}\, dt = \pi.$$

§8. デルタ関数（2）

デルタ関数の各種定義

ディラックのデルタ関数(今後は δ 関数とも表す)は，§7で述べたように

(8.1) $$\int_{-\infty}^{\infty} \delta(x)\, dx = 1,$$

(8.2) $$\int_{-\infty}^{\infty} g(x)\, \delta(x-a)\, dx = g(a)$$

を満たすものである．$\delta(x)$ には種々の表現がある．まず最初に

(8.3) $$\delta(x) = \lim_{N \to \infty} \frac{\sin Nx}{\pi x}$$

の表示を考える．(8.3)からわかるように左辺の関数は N を変えると各 x での値は変わっていくが，極限で与えられる関数 $\delta(x)$ の積分はきまっており，定義が違っていても同じ答を与える．いくつかの表示を以下に示す．

ガウス型関数(§9を参照)を用いれば

(8.4) $$\delta(x) = \lim_{N \to \infty} \sqrt{\frac{N}{\pi}}\, e^{-Nx^2}$$

と定義される．このほかに

(8.5) $$\delta(x) = \lim_{\varepsilon \to 0} \frac{1}{\pi} \frac{\varepsilon}{x^2 + \varepsilon^2}$$

という表現もよく用いられる．この式から

(8.6) $$\lim_{\varepsilon \to 0} \frac{1}{x - i\varepsilon} = \mathrm{P}\!\left(\frac{1}{x}\right) + i\pi\, \delta(x)$$

という関係が成り立つことがわかる．ここで $\mathrm{P}\!\left(\dfrac{1}{x}\right)$ は**主値**と呼ばれるもので，次のように定義される．この関数は積分の中だけで意味をもち，主値は積分中で次のようなものと定義される：

(8.7) $$\int_{-\infty}^{\infty} \mathrm{P}\!\left(\frac{1}{x}\right) dx = \int_{-\infty}^{-c} \frac{1}{x}\, dx + \int_{c}^{\infty} \frac{1}{x}\, dx.$$

§8. デルタ関数（2）

ここで c は非常に小さな正の数である。すなわち主値は，積分区間で $x=0$ を含む原点対称な小さな領域を除外して積分することを意味する。

δ 関数の定義を続けると，矩形(長方形)による表示は次の極限で与えられる：$\delta(x) = \lim_{L\to\infty} f_L(x)$. ここで

(8.8) $\qquad f_L(x) = \begin{cases} 0 & (|x|>1/L), \\ L/2 & (|x|<1/L). \end{cases}$

三角形による表示は次の極限で与えられる：$\delta(x) = \lim_{L\to\infty} g_L(x)$. ここで

(8.9) $\qquad g_L(x) = \begin{cases} 0 & (|x|>1/L), \\ -L^2|x|+L & (|x|<1/L). \end{cases}$

最初の定義 (8.3) は

(8.10) $\qquad \lim_{N\to\infty} D_N(x) = \lim_{N\to\infty} \dfrac{\sin\left(N+\dfrac{1}{2}\right)x}{2\pi \sin\dfrac{x}{2}}$

と似ているが，後者((8.10) = ディリクレ核)は周期 2π をもつ周期的 δ 関数であるのに対し，前者 (8.3) は非周期的 δ 関数である。

次にディラックの δ 関数に関するいくつかの有用な関係式をあげる。

(8.11) $\qquad \delta(-x) = \delta(x),$

(8.12) $\qquad \delta(ax) = \dfrac{1}{|a|}\delta(x),$

(8.13) $\qquad \delta(x^2-a^2) = \dfrac{1}{2|a|}\{\delta(x-a)+\delta(x+a)\} \qquad (a\neq 0),$

(8.14) $\qquad \delta(g(x)) = \sum_{n=1}^{N} \dfrac{1}{|g'(x_n)|}\delta(x-x_n).$

（ここで $x_n\,(n=1,2,\cdots,N)$ は $g(x)=0$ の解で，$g'(x_n)\neq 0$ とする。）

(8.15) $\qquad x\,\delta(x) = 0,$

(8.16) $\qquad x\,\delta'(x) = -\delta(x),$

(8.17) $\qquad -x^2\delta'(x) = x\,\delta(x) = 0.$

超関数とテスト関数

関数 $\delta(x)$ は数学では**超関数**と呼ばれている．(8.11) から (8.17) の関係式はすべて，積分の中でのみ意味をもち，テスト関数 $f(x)$ を掛けて積分したときにのみ式が成り立つことを意味する．**テスト関数**とは何回でも微分可能で $|x|\to\infty$ でいかなるべきより早く減少する(いくら大きな N に対しても，$|x|\to\infty$ で $x^N f(x)\to 0$ となる)関数である．このように急激に減少する関数が掛かっていることは，数学的には常に表面項を無視できるという意味での部分積分((8.21)参照)が許されることを保証するためである．物理的には，このような関数 $f(x)$ としては，無限の彼方でゼロに近づくような量子力学における物理的波動関数などが考えられる．2 つの超関数を $F(x)$ と $G(x)$ と書くと，任意のテスト関数 $f(x)$ に対し，積分

$$\int_{-\infty}^{\infty} f(x) F(x)\, dx = \int_{-\infty}^{\infty} f(x) G(x)\, dx$$

が成り立つときは，テスト関数の係数である超関数 $F(x)$ と $G(x)$ とは

$$F(x) = G(x)$$

を満たすと考える．

まず，超関数として $F(x) = g(x)\delta(x-a)$，$G(x) = g(a)\delta(x-a)$ を考えると，$F(x) = G(x)$ が成り立つこと，すなわち超関数として

$$g(x)\delta(x-a) = g(a)\delta(x-a)$$

が成り立つことを示そう．(8.2) により，任意のテスト関数 $f(x)$ に対し

(8.18) $$\int_{-\infty}^{\infty} f(x) g(x) \delta(x-a)\, dx = f(a) g(a)$$

$$= g(a) \int_{-\infty}^{\infty} f(x) \delta(x-a)\, dx = \int_{-\infty}^{\infty} f(x) g(a) \delta(x-a)\, dx$$

となるので，積分中でテスト関数の係数として $F(x) = G(x)$ すなわち

(8.19) $$g(x)\delta(x-a) = g(a)\delta(x-a)$$

としてよいことを示す．

特に $g(x) = x$ ととると次が成り立つ：

(8.20) $$(x-a)\delta(x-a) = 0.$$

§8. デルタ関数（2）

上の式で $a=0$ とすると (8.15) が得られる．(8.15) を x で微分すると
$$x\delta'(x) = -\delta(x)$$
すなわち (8.16) を得る．これが超関数についての等式として成り立つことを示すには，次のように考える．任意のテスト関数 $f(x)$ について

$$(8.21) \quad \int_{-\infty}^{\infty} f(x)\, x\, \delta'(x)\, dx$$
$$= \Big[f(x)\, x\, \delta(x) \Big]_{-\infty}^{\infty} - \int_{-\infty}^{\infty} f'(x)\, x\, \delta(x)\, dx - \int_{-\infty}^{\infty} f(x)\, \delta(x)\, dx$$
$$= 0 - 0 + \int_{-\infty}^{\infty} f(x)(-\delta(x))\, dx$$

が成り立つ．したがって超関数としての関係式 $x\delta'(x) = -\delta(x)$ が示された．ここで 表面項 $= \Big[f(x)\, x\, \delta(x) \Big]_{-\infty}^{\infty} = 0$ は，$f(x)$ がテスト関数であるため任意の正の数 N に対し $x^N f(x) \to 0$（$x \to \pm\infty$）が成り立つことを用いた．

(8.16) に x を掛けて次式，すなわち (8.17) を得る：
$$-x^2 \delta'(x) = x\, \delta(x) = 0\, .$$

以上のように $\delta(x)$ のみでなく，その微分 $\delta'(x), x\delta(x)$ などが超関数の例である．x についての増加関数 $g(x)$（例：$g(x) = x$）が掛かっていても，$g(x)\delta(x)$ は超関数として意味をもつ．理由は $g(x)\delta(x)$ は積分の中でのみ意味をもち，つねに急激少であるテスト関数 $f(x)$ を掛けて用いるからである．$\delta(x)$ の表示として種々のものがあるが (8.5) の表示の場合 $|x| \to \infty$ で x^{-2} 程度でしか減少しないが，$x\delta(x)$ が意味をもつのは，(1) 積分中でのみ用いられること，(2) 急減少であるテスト関数 $f(x)$ が掛かって積分されるので積分が発散しないことによる．すなわち $\varepsilon \to 0$ の極限で 有限積分 $\times\, \varepsilon \to 0$ により $\int_{-\infty}^{\infty} f(x)\, x\, \delta(x)\, dx = 0$ となる．

(8.12) については
$$(8.22) \quad \int_{-\infty}^{\infty} f(x)\, \delta(ax)\, dx = \int_{-\infty}^{\infty} f(x)\, \frac{1}{|a|}\, \delta(x)\, dx$$

を意味する．実際積分中で $y = ax$ とおくと，$dy = a\,dx$ となる．$a > 0$ では $a = |a|$ だから

$$(8.23) \quad \int_{-\infty}^{\infty} f(x)\delta(ax)\,dx = \int_{-\infty}^{\infty} \frac{1}{a} f\left(\frac{y}{a}\right)\delta(y)\,dy = \frac{f(0)}{|a|}$$

$$= \int_{-\infty}^{\infty} f(x)\frac{1}{|a|}\delta(x)\,dx$$

となって任意のテスト関数 $f(x)$ について (8.12) が示された．

$a < 0$ のときも同様に，$y = ax$ とおくと，$dy = -(-a)dx = -|a|\,dx$ から

$$(8.24) \quad \int_{-\infty}^{\infty} f(x)\delta(ax)\,dx = \int_{\infty}^{-\infty} f\left(\frac{y}{a}\right)\delta(y)\left(-\frac{dy}{|a|}\right)$$

$$= \frac{1}{|a|}\int_{-\infty}^{\infty} f\left(\frac{y}{a}\right)\delta(y)\,dy = \frac{f(0)}{|a|}$$

$$= \int_{-\infty}^{\infty} f(x)\frac{1}{|a|}\delta(x)\,dx$$

となる．

次に (8.13) について考える．$x \sim a$ で $x^2 - a^2 \sim 2a(x-a)$ となり，$x \sim -a$ で $x^2 - a^2 \sim -2a(x+a)$ となる．$x^2 - a^2$ のこれら 2 つの 1 次式 $2a(x-a)$，$-2a(x+a)$ が，積分には $\delta(2a(x-a))$，$\delta(-2a(x+a))$ として寄与する．それぞれの寄与は (8.12) の x の係数が $2a, -2a$ となっただけだから，(8.12) により (8.13) が示された．

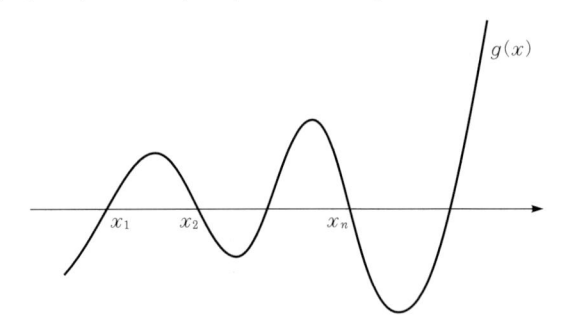

§8. デルタ関数（2）

(8.14) についても同様に考えよう．$g(x)$ は N 個の $g(x) = 0$ を満たす解をもつとする．それらを $x = x_n$ ($n = 1, \cdots, N$) とし $g(x_n) = 0$ で 1 階微分は $g'(x_n) \neq 0$ とする．

(8.25) $\qquad x \sim x_n \;\; \text{で} \;\; g(x) \sim (x - x_n)g'(x_n) \qquad (n = 1, \cdots, N)$

であるから，(8.12) を用いると，N 個の寄与の和が得られる．(8.13) は (8.14) において，$g(x) = x^2 - a^2$ としたものとみることもできる．

《参考》 超関数を許すと，方程式の解として興味ある結果が得られる．例えば

(8.26) $\qquad\qquad\qquad x\,g(x) = 0$

を満たす関数 $g(x)$ を考える．超関数を許すと，$g(x) = A\,\delta(x)$ は任意の定数 A に対して (8.15) により，$x\,g(x) = 0$ を満たすから解になっている．さらに

(8.27) $\qquad\qquad\qquad (x^2 - a^2)g(x) = 0$

の解として，

(8.28) $\qquad\qquad g(x) = A\,\delta(x - a) + B\,\delta(x + a)$

が得られる．なぜなら，$(x - a)(x + a)g(x) = 0$ から $(x - a)\delta(x - a) = 0$ により

(8.29) $\qquad (x + a)g(x) = C\,\delta(x - a) \qquad$ (C：任意定数)

と書ける．ふたたび $(x + a)\delta(x + a) = 0$ により

(8.30) $\qquad g(x) = \dfrac{C}{x + a}\delta(x - a) + B\,\delta(x + a)$

$\qquad\qquad\qquad = \dfrac{C}{2a}\delta(x - a) + B\,\delta(x + a)$

$\qquad\qquad\qquad = A\,\delta(x - a) + B\,\delta(x + a)$

と書ける（$A = C/2a$ とおいた）．ここで，$f(x)\delta(x - a) = f(a)\delta(x - a)$ を使って，$\dfrac{C}{x + a}\delta(x - a)$ を $\dfrac{C}{2a}\delta(x - a)$ で置き換えた．これにより $g(x) = A\,\delta(x - a) + B\,\delta(x + a)$ が (8.27) の解であることが示された．この応用としては §10 で，フーリエ変換を利用して常微分方程式を解く方法を示す．　◇

θ（階段）関数

θ はテータまたはシータと発音する．$\delta(x)$ のフーリエ変換は

(8.31) $$\delta(x) = \frac{1}{2\pi}\int_{-\infty}^{\infty} e^{ikx}\,dk$$

であった．次に $\delta(x)$ の積分で与えられる関数

(8.32) $$\theta(x) = \int_{-\infty}^{x} \delta(x')\,dx'$$

を考えると，これは次のように表されることがわかる：

(8.33) $$\theta(x) = \begin{cases} 1 & (x>0), \\ 0 & (x<0). \end{cases}$$

したがって $\theta(x)$ は**階段関数**と呼ばれる．(8.32) に (8.31) を代入すると

(8.34) $$\theta(x) = \int_{-\infty}^{x}\left\{\frac{1}{2\pi}\int_{-\infty}^{\infty} e^{ikx'}\,dk\right\}dx'$$
$$= \frac{1}{2\pi}\int_{-\infty}^{\infty}\left\{\int_{-\infty}^{x} e^{ikx'}\,dx'\right\}dk = \frac{1}{2\pi}\int_{-\infty}^{\infty}\left\{\frac{1}{ik}(e^{ikx} - [e^{ikx}]_{x=-\infty})\right\}dk$$

となる．このままでは $[e^{ikx}]_{x=-\infty}$ の値がよくわからないので，(8.34) で k を $k-i\varepsilon$ に置き換える（ε は正の小さな数）．これにより $x=-\infty$ では，$e^{i(k-i\varepsilon)x} = e^{\varepsilon x}e^{ikx} = 0$ となるので，関数 $\theta(x)$ は次のように表される：

(8.35) $$\theta(x) = \frac{1}{2\pi i}\int_{-\infty}^{\infty}\frac{1}{(k-i\varepsilon)}\,e^{ikx}\,dk.$$

したがって次のことがわかる：

1) (8.31) 式から $\delta(x)$ のフーリエ変換は 1 である．

2) (8.35) 式から $\theta(x)$ のフーリエ変換は $\dfrac{1}{i(k-i\varepsilon)}$ である．

(8.35) から k 積分を実行して，(8.33) の性質を導いてみよう．k を複素平面上に拡張して考える．$\dfrac{1}{i(k-i\varepsilon)}$ は $k=i\varepsilon$ に1位の極をもつ．$x>0$ のとき (8.35) の積分路を次のページの図（a）のように変えることが許される．（∵ 上半円周上からの積分はゼロである）．コーシーの留数定理（p.41 参照）により，閉曲線内に1位の極が1個含まれるから

§8. デルタ関数（2）

(8.36) $$\theta(x) = \frac{1}{2\pi}\frac{1}{i}2\pi i = 1$$

となる．$x < 0$ のとき (8.35) の積分路を図 (b) のように変えることが許される．（∵ 下半円周上からの積分はゼロである）．この閉曲線内には 1 位の極は含まれないから

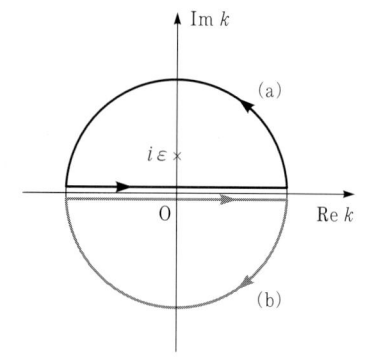

(8.37) $$\theta(x) = \frac{1}{2\pi i} \times 0 = 0$$

が得られる．(8.36), (8.37) は (8.33) を意味する．

ここに，いくつかのフーリエ変換の例を表に示そう．

$f(x)$	$\tilde{f}(k)$	$f(x)$	$\tilde{f}(k)$
1	$2\pi\delta(k)$	$\dfrac{1}{x^2+a^2}$ ($a>0$)	$\dfrac{\pi}{a}e^{-a|k|}$
x	$2\pi i \dfrac{d\delta(k)}{dk}$	e^{-ax^2} ($a>0$)	$\sqrt{\dfrac{\pi}{a}}e^{-k^2/4a}$
x^2	$2\pi i^2 \dfrac{d^2\delta(k)}{dk^2}$	$\delta(x)$	1
x^n	$2\pi i^n \dfrac{d^n\delta(k)}{dk^n}$	$\theta(x)$	$\dfrac{-i}{k-i\varepsilon}$ ($\varepsilon>0$)

練 習 問 題 8

1. $\int_{-\infty}^{\infty} e^{-i\omega t}\delta(\omega^2-a^2)\,d\omega$ ($a>0$) を求めよ．

2. x のフーリエ変換が $2\pi i \dfrac{d\delta(k)}{dk}$ であることを示せ．

3. $f(x)$ のフーリエ変換が $\tilde{f}(k)$ のとき，$\dfrac{df(x)}{dx}$ のフーリエ変換を求めよ．

4. $\dfrac{d^2 f(x)}{dx^2}$ のフーリエ変換を $\tilde{f}(k)$ を用いて表せ．

§9. フーリエ変換の例

ガウス積分

物理で重要な役割を果す積分として**ガウス型関数** $\exp(-ax^2)$ ($a>0$) の積分がある：

(9.1) $$I(a) = \int_{-\infty}^{\infty} e^{-ax^2}\, dx .$$

ガウス型関数の原始関数(不定積分)を知ることは困難なのだがこの定積分はちょっと工夫することによって初等的に実行できる．まず，$I(a)$ そのものでなく，$(I(a))^2$ を求めると

(9.2) $$(I(a))^2 = \int_{-\infty}^{\infty} e^{-ax^2}\, dx \int_{-\infty}^{\infty} e^{-ay^2}\, dy$$
$$= \int_{-\infty}^{\infty}\int_{-\infty}^{\infty} e^{-a(x^2+y^2)}\, dxdy .$$

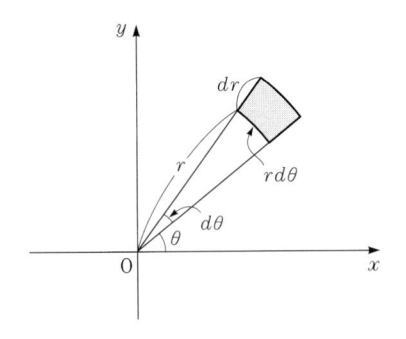

(x, y) を2次元デカルト座標(直交座標)と考えると，$dxdy$ は面積分要素を表す．それを $x = r\cos\theta$, $y = r\sin\theta$ によって極座標 (r, θ) に変数変換すると $dxdy = r\,drd\theta$, $x^2 + y^2 = r^2$ だから，(9.2) は

(9.3) $$(I(a))^2 = \int_0^{2\pi}\left(\int_0^{\infty} e^{-ar^2} r\, dr\right) d\theta .$$

この形に直すと被積分関数は θ によらないので，まず θ についての積分を

実行して，

(9.4) $\quad (I(a))^2 = 2\pi \int_0^\infty e^{-ar^2} r\, dr = \dfrac{2\pi}{2} \int_0^\infty e^{-at}\, dt = \dfrac{\pi}{a}.$

ここで変数を $t = r^2$ に変更した．したがって

(9.5) $\quad I(a) = \sqrt{\dfrac{\pi}{a}}$

が得られる．

(9.6) $\quad \displaystyle\int_{-\infty}^\infty e^{-ax^2}\, dx = \sqrt{\dfrac{\pi}{a}}$

を**ガウス積分**という．

例題 9.1 次の積分を求めよ．ただし b は実数とする．

(9.7) $\quad I = \displaystyle\int_{-\infty}^\infty e^{-ax^2+2bx}\, dx \qquad (a > 0)$

[解] ガウス積分の応用である．

$$-ax^2 + 2bx = -a\left(x^2 - \dfrac{2b}{a}x + \dfrac{b^2}{a^2} - \dfrac{b^2}{a^2}\right)$$
$$= -a\left(x - \dfrac{b}{a}\right)^2 + \dfrac{b^2}{a}$$

とできる．$t = x - \dfrac{b}{a}$ と置き換えると，$dt = dx$ だから

$$I = \int_{-\infty}^\infty e^{-at^2 + \frac{b^2}{a}}\, dt = \sqrt{\dfrac{\pi}{a}}\, e^{\frac{b^2}{a}}.$$

ここで t についての無限領域積分の上限，下限は，$t = -\infty - \dfrac{b}{a}, \infty - \dfrac{b}{a}$ になるが，積分区間を $t = -\infty, \infty$ に有限区間 b/a だけ平行移動してもよいとした．◇

さて，ガウス型関数のフーリエ変換は物理で大変重要である．

(9.8) $\quad f(x) = e^{-ax^2} \qquad (a > 0)$

のフーリエ変換

(9.9) $\quad \tilde{f}(k) = \displaystyle\int_{-\infty}^\infty e^{-ikx} f(x)\, dx$

はやはり k についてのガウス型の関数になることが知られている．したが

§9. フーリエ変換の例

って，次の結論を得る：ガウス型のフーリエ変換はやはりガウス型である．これを確かめよう．求めるものは次の量である：

(9.10) $\quad \tilde{f}(k) = \int_{-\infty}^{\infty} f(x) e^{-ikx} dx = \int_{-\infty}^{\infty} e^{-ikx} e^{-ax^2} dx$．

上の例題において形式的に $2b = -ik$ とおくと

(9.11) $\quad \tilde{f}(k) = \sqrt{\dfrac{\pi}{a}} e^{-\frac{k^2}{4a}}$

が得られる（例題では b を実数としている）．

これが正しければガウス型関数 $f(x) = \exp(-ax^2)$ （$a > 0$）のフーリエ変換はガウス型 $\tilde{f}(k) = \sqrt{\dfrac{\pi}{a}} e^{-\frac{k^2}{4a}}$ である．ここで注目すべき特徴は，広がりを表すパラメータが，a から $\dfrac{1}{4a}$ に置き替っていることである．a が逆数で入ってきていることに注意しよう．$f(x)$ の広がりを「f の値が $1/e$ になるところ」と定義すると，〔$f(x)$ の広がり〕$= 1/\sqrt{a}$ である．一方，$\tilde{f}(k)$ の広がりは $2\sqrt{a}$ であり，$f(x)$ が広がっていればいるほど（すなわち a が小さいほど），$\tilde{f}(k)$ の広がりは小さいことがわかる．x 空間の広がり（x で見た広がり）と，そのフーリエ変換である k 空間の広がりは互いに逆数の関係にあることがわかった．

《参考》 これは大変重要な特徴で，例えばミクロの世界を記述する量子論の不確定性原理はこのことと密接に対応している．量子論では位置の不確定さ Δx と運動量 $p = \hbar k$（p.38参照）の不確定さ Δp は $\Delta x \Delta p \geq O(\hbar)$ となることが知られている．$O(\hbar)$ という記号は，$\hbar$ と同程度の大きさであることを表し，小文字の o を用いたとき，例えば $o(\hbar)$ は $\hbar$ に比べて無視できる程度に小さいことを表す．

広がりについての結論をあてはめると，$\Delta x \sim 1/\sqrt{a}$，$\Delta p \sim 2\sqrt{a}\hbar$ だから，$\Delta x \Delta p \sim 2\hbar$ となり，$\Delta x \Delta p \sim O(\hbar)$ を満たす．これは Δx と Δp をともにゼロにすることはできないことを表す．位置 x の不確定さは，偏差

$$\Delta x = \sqrt{\langle (x - \langle x \rangle)^2 \rangle} = \sqrt{\langle x^2 \rangle - \langle 2x\langle x \rangle \rangle + \langle \langle x \rangle^2 \rangle} = \sqrt{\langle x^2 \rangle - \langle x \rangle^2}$$

で定義される．Δp についても同様．ここで $\langle A \rangle$ は，物理量 A の期待値（平均

§9. フーリエ変換の例

値）を表す．例えば $\langle x \rangle$ は次式で与えられる：

$$\langle x \rangle = \frac{\int_{-\infty}^{\infty} x |f(x)|^2 \, dx}{\int_{-\infty}^{\infty} |f(x)|^2 \, dx}.$$

ガウス型波動関数のとき $\Delta x = 1/2\sqrt{a}$, $\Delta p = \hbar\sqrt{a}$ となり，$\Delta x \Delta p \sim \hbar/2$ を与える．ここで $\hbar = h/2\pi$ ($h =$ プランク定数) を表す． ◇

さて (9.7) の b を実数から複素数にしても，(9.8) したがって (9.11) が成り立つことを示そう．

［証明］ e^{-z^2} は z について極 (p.41 参照) をもたないので任意の閉曲線に沿った一周積分はゼロである：

$$\oint_C e^{-z^2} \, dz = 0.$$

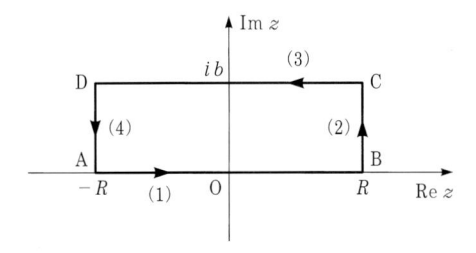

積分路を図のように $A \to B \to C \to D \to A$ ととる．ここで A, B, C, D はそれぞれ $z = -R$, $z = R$, $z = R + ib$, $z = -R + ib$ である．図の $(1), (2), (3), (4)$ の積分を求めると

$$I_{R(1)} = \int_{-R}^{R} e^{-z^2} \, dz = \int_{-R}^{R} e^{-x^2} \, dx,$$

$$I_{R(2)} = \int_{0}^{b} e^{-(R+iy)^2} i \, dy = i \, e^{-R^2} \int_{0}^{b} e^{-i2Ry+y^2} \, dy,$$

$$I_{R(3)} = \int_{R}^{-R} e^{-(x+ib)^2} \, dx,$$

$$I_{R(4)} = \int_{b}^{0} e^{-(-R+iy)^2} \, dz = -i \, e^{-R^2} \int_{0}^{b} e^{i2Ry+y^2} \, dy.$$

$R \to \infty$ とすると，$I_{\infty(1)} = \sqrt{\pi}$, $I_{\infty(2)} = 0$, $I_{\infty(3)} = -\int_{-\infty}^{\infty} e^{-(x+ib)^2} \, dx$, $I_{\infty(4)} = 0$ と

なる．一方，
$$I_{\infty(1)} + I_{\infty(2)} + I_{\infty(3)} + I_{\infty(4)} = 0$$
であるから，$R \to \infty$ で
$$-I_{\infty(3)} = \int_{-\infty}^{\infty} e^{-(x+ib)^2} dx = \sqrt{\pi}$$
が示された．$x = \sqrt{a}\, t$, $b = \dfrac{k}{2\sqrt{a}}$ とおくと上の式から
$$\int_{-\infty}^{\infty} e^{-at^2 - ikt + \frac{k^2}{4a}} \sqrt{a}\, dt = \sqrt{\pi}$$
となり，結局
$$\int_{-\infty}^{\infty} e^{-at^2 - ikt}\, dt = \sqrt{\frac{\pi}{a}}\, e^{-\frac{k^2}{4a}}$$
が示された．これは (9.11) を与える．◇

例題 9.2 関数 $J(k) = \displaystyle\int_{-\infty}^{\infty} e^{-at^2 - ikt}\, dt$ ($a > 0$) について，

（1）$\dfrac{dJ(k)}{dk} = -\dfrac{k}{2a} J(k)$ を満たすことを示せ．

（2）$J(0) = \sqrt{\dfrac{\pi}{a}}$ に注意して $J(k)$ の形を求めよ．

［解］（1）
$$\dfrac{dJ(k)}{dk} = \int_{-\infty}^{\infty} (-it)\, e^{-at^2 - ikt}\, dt$$
$$= (-i) \left\{ \int_{-\infty}^{\infty} \left(-\dfrac{1}{2a} \right) \dfrac{d}{dt} (e^{-at^2 - ikt})\, dt \right.$$
$$\left. - \dfrac{ik}{2a} \int_{-\infty}^{\infty} e^{-at^2 - ikt}\, dt \right\}$$
$$= \dfrac{i}{2a} \left[e^{-at^2 - ikt} \right]_{-\infty}^{\infty} - \dfrac{k}{2a} J(k) = -\dfrac{k}{2a} J(k).$$

（2）この $J(k)$ についての微分方程式の解は
$$J(k) = C\, e^{-\frac{k^2}{4a}} \qquad (C: \text{任意定数})$$
である．$J(0) = C = \sqrt{\dfrac{\pi}{a}}$ だから
$$J(k) = \sqrt{\dfrac{\pi}{a}}\, e^{-\frac{k^2}{4a}}. \quad \diamond$$

グリーン関数

次の2階の微分方程式を考える：

(9.12) $$\frac{d^2\varphi(x)}{dx^2} - m^2\varphi(x) = J(x) \qquad (m\text{ は正の定数}).$$

この方程式を解くのにフーリエ変換を利用してみよう．(9.12)の形の方程式があるとき，右辺を $J(x)$ の代わりにデルタ関数 $\delta(x)$ に置き換えると

(9.13) $$\frac{d^2 G(x)}{dx^2} - m^2 G(x) = \delta(x)$$

となる．その解 $G(x)$ を (9.12) の方程式の**グリーン関数**という．$G(x)$ を知ることができると，(9.12) の解はこれを用いて任意の $J(x)$ に対して

(9.14) $$\varphi(x) = \int G(x-x')J(x')\,dx'$$

と書くことができる．なぜなら，両辺に微分演算子 $D_x \equiv \dfrac{d^2}{dx^2} - m^2$ を掛けると

(9.15) $$D_x\varphi(x) = \frac{d^2\varphi(x)}{dx^2} - m^2\varphi(x) = \int D_x G(x-x')J(x')\,dx'$$

$$= \int \delta(x-x')J(x')\,dx' = J(x) \qquad ((7.17)\text{ より})$$

となって，(9.14) は任意の $J(x)$ に対し (9.12) を満たすことがわかる．次に，(9.13) の解 $G(x)$ を求めよう．$G(x)$ のフーリエ逆変換は

(9.16) $$G(x) = \frac{1}{2\pi}\int \widetilde{G}(k)\,e^{ikx}\,dk$$

であるから，(9.13) は

(9.17) $$\frac{1}{2\pi}\int(-k^2-m^2)\widetilde{G}(k)\,e^{ikx}\,dk = \frac{1}{2\pi}\int e^{ikx}\,dk$$

となるので $\widetilde{G}(k)$ は

(9.18) $$(k^2+m^2)\widetilde{G}(k) = -1$$

の代数方程式を満たす．もとの微分方程式 (9.13) を積分を用いたりして解くよりもこの方程式を解く方がはるかに簡単である．k, m は実数だから

$k^2 + m^2$ は正であり，ゼロになることはない．この方程式から $\tilde{G}(k)$ は直ちに解けて

$$\tilde{G}(k) = -\frac{1}{k^2 + m^2} \tag{9.19}$$

となる．これを (9.16) に代入すれば

$$\begin{aligned}
G(x) &= \frac{-1}{2\pi} \int_{-\infty}^{\infty} \frac{1}{k^2 + m^2} e^{ikx} \, dk \\
&= \frac{-1}{2\pi i} \frac{1}{2m} \int_{-\infty}^{\infty} \left(\frac{1}{k - im} - \frac{1}{k + im} \right) e^{ikx} \, dk .
\end{aligned} \tag{9.20}$$

k を複素数に拡張することによって (9.20) の評価をしよう．

$x > 0$ のときは，上半円周を付け加えてよいから，コーシーの留数定理により $k = +im$ の極が寄与し

$$G(x) = \frac{-1}{2\pi i} \frac{1}{2m} 2\pi i \, e^{-mx} = -\frac{1}{2m} e^{-mx} \tag{9.21}$$

となる．$x < 0$ のときは，下半円周を付け加えてよいから，$k = -im$ の極が寄与し

$$G(x) = \frac{-1}{2\pi i} \frac{1}{2m} 2\pi i \, e^{mx} = -\frac{1}{2m} e^{mx} \tag{9.22}$$

となる．(9.21), (9.22) をまとめてグリーン関数は

$$G(x) = -\frac{1}{2m} e^{-m|x|} \tag{9.23}$$

となる．

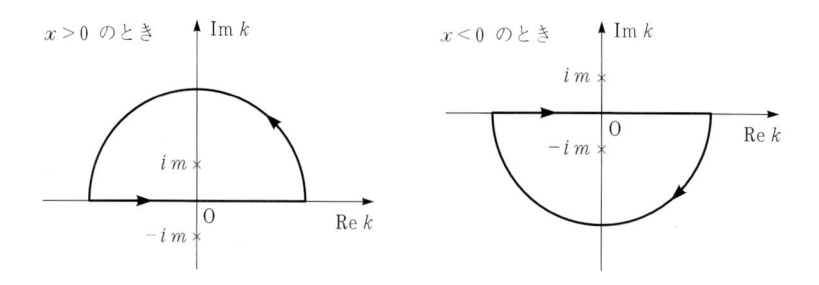

§9. フーリエ変換の例

湯川型ポテンシャル

グリーン関数の方法には，3次元空間における類似した2階偏微分方程式をフーリエ変換を用いて解くことができるという応用があり，物理的に重要である．3次元デカルト座標を (x, y, z) とし，

$$(9.24) \quad \left(-\frac{\partial^2}{\partial x^2} - \frac{\partial^2}{\partial y^2} - \frac{\partial^2}{\partial z^2} + m^2\right) G(x, y, z) = \delta(x)\delta(y)\delta(z)$$

を解くことを考える．ここで $m > 0$ とする．グリーン関数 $G(x, y, z)$ とデルタ関数 $\delta(x)\delta(y)\delta(z)$ のフーリエ逆変換は

$$(9.25) \quad G(x, y, z) = \frac{1}{(2\pi)^3} \int \widetilde{G}(k_x, k_y, k_z) e^{i(k_x x + k_y y + k_z z)} \, dk_x dk_y dk_z,$$

$$(9.26) \quad \delta(x)\delta(y)\delta(z) = \frac{1}{(2\pi)^3} \int e^{ik_x x} e^{ik_y y} e^{ik_z z} \, dk_x dk_y dk_z$$

で与えられる．（ただし，k_x, k_y, k_z はそれぞれ x, y, z に対するフーリエ逆変換に関する変数である．）(9.24) は方程式

$$(9.27) \quad (k_x^2 + k_y^2 + k_z^2 + m^2) \widetilde{G}(k_x, k_y, k_z) = 1$$

を与えるから，この $\widetilde{G}$ を $\widetilde{G}(\boldsymbol{k})$（$\boldsymbol{k}$ は3次元ベクトル (k_x, k_y, k_z)）と書いて

$$(9.28) \quad \widetilde{G}(\boldsymbol{k}) = \frac{1}{\boldsymbol{k}^2 + m^2}$$

と解ける．ここで $\boldsymbol{k}^2 = k_x^2 + k_y^2 + k_z^2$．(9.28) を用いて，(9.25) により，$G(\boldsymbol{x}) = G(x, y, z)$ の具体的な形を求めると，$r = \sqrt{x^2 + y^2 + z^2}$ により

$$(9.29) \quad G(\boldsymbol{x}) = \frac{1}{4\pi} \frac{e^{-mr}}{r}$$

となる．

この $G(\boldsymbol{x})$ は湯川秀樹博士が中間子論を提唱したときに用いたもので，m に比例する質量をもつ中間子の交換から生じる位置エネルギーの形で**湯川型ポテンシャル**と呼ばれている．特に m をゼロにすると，質量がゼロの粒子交換（例えば光子の交換）から生じるクーロンポテンシャル（$\propto 1/r$）に帰着する．

湯川型ポテンシャル (9.29) の導出　(9.25) を次のようにおく：

(9.30) $$G(\bm{x}) = \frac{1}{(2\pi)^3} \int \tilde{G}(\bm{k}) \, e^{i\bm{k}\cdot\bm{x}} \, d\bm{k}.$$

ここで $\bm{x} = (x, y, z)$, $\bm{k} = (k_x, k_y, k_z)$, $\bm{k}\cdot\bm{x} = k_x x + k_y y + k_z z$, $d\bm{k} = dk_x dk_y dk_z$.

(9.30) を評価するのに極座標を用いるのが都合がよい．まず，$\bm{x}$ を一定としておき，$\bm{k}$ について全空間での積分を行う．ベクトル $\bm{x}$ を北極方向にあると考えて $\bm{k}$ の極座標表示 $k = \sqrt{k_x^2 + k_y^2 + k_z^2}$ を用いて

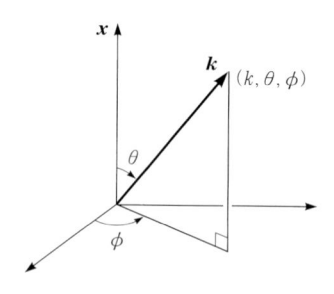

$$k_x = k \sin\theta \cos\phi, \quad k_y = k \sin\theta \sin\phi, \quad k_z = k \cos\theta$$

と定義する．ここで角変数 θ, ϕ の変域は $\theta = [0, \pi]$, $\phi = [0, 2\pi]$ である．$d\bm{k} = dk_x dk_y dk_z = k^2 \, dk \sin\theta \, d\theta d\phi$, $e^{i\bm{k}\cdot\bm{x}} = e^{ikr\cos\theta}$, $\bm{k}^2 = k_x^2 + k_y^2 + k_z^2 = k^2$, $\bm{x}^2 = r^2$ であることを用いて，(9.30) は

(9.31) $$\frac{1}{(2\pi)^3} \int e^{ikr\cos\theta} \frac{1}{k^2 + m^2} k^2 \, dk \sin\theta \, d\theta d\phi$$

となる．(9.31) の被積分関数は ϕ によらないから ϕ についての積分は 2π となる．$\sin\theta \, d\theta = -d\cos\theta$ に注意して θ についての積分を行うと，(9.31) は

(9.32) $$\frac{1}{(2\pi)^2} \int_0^\infty \frac{k^2}{k^2 + m^2} \frac{e^{ikr} - e^{-ikr}}{ikr} dk = \frac{-i}{(2\pi)^2} \frac{1}{r} \int_{-\infty}^\infty \frac{k}{k^2 + m^2} e^{ikr} dk$$

ここで，$\int_0^\infty \frac{-k}{k^2 + m^2} e^{-ikr} dk = \int_{-\infty}^0 \frac{k}{k^2 + m^2} e^{ikr} dk$ であることを使った．

(9.32) の積分を k について複素積分により求める．r はつねにゼロ以上だから上半円周を付け加えてよい．$\frac{k}{k^2 + m^2} = \frac{1}{2}\left(\frac{1}{k - im} + \frac{1}{k + im}\right)$ を用いると上半円に含まれる極は $k = im$ だから，コーシーの留数定理を用いると

(9.33) $$(9.32) = \frac{-i}{(2\pi)^2} \frac{1}{r} 2\pi i \frac{1}{2} e^{-mr} = \frac{1}{4\pi} \frac{e^{-mr}}{r}$$

となる．$m = 0$ のとき (9.24) は

$$\left(-\frac{\partial^2}{\partial x^2} - \frac{\partial^2}{\partial y^2} - \frac{\partial^2}{\partial z^2}\right) G(x, y, z) = \delta(x)\delta(y)\delta(z)$$

となる．これはポアソン方程式と呼ばれ，G は電荷の値が 1 の点電荷を原点にお

いたときの位置 $\boldsymbol{x}=(x,y,z)$ における位置エネルギーを表す．(9.33) において $m=0$ とすると，その位置エネルギーは

$$G(\boldsymbol{x})=\frac{1}{4\pi}\frac{1}{r} \tag{9.34}$$

となって，クーロンポテンシャルの形となる． ◇

練習問題 9

1. $Z(a,b)=\displaystyle\int_{-\infty}^{\infty} e^{-ax^2+bx}\,dx$ $(a>0)$ を用いて次の積分を求める方法を考えよ．

$$\int_{-\infty}^{\infty} x^n\,e^{-ax^2}\,dx \qquad (n=整数)$$

2. 例題 9.1 と上の **1** の結果を利用して $\displaystyle\int_{-\infty}^{\infty} x\,e^{-ax^2}\,dx,\ \int_{-\infty}^{\infty} x^2\,e^{-ax^2}\,dx$ を求めよ．

3. 3 次元空間で与えられる次の関数 $G(\boldsymbol{x})$ をフーリエ変換せよ．

$$G(\boldsymbol{x})=\frac{1}{4\pi}\frac{e^{-mr}}{r} \qquad (m>0,\ r=\sqrt{x^2+y^2+z^2}\,)$$

4. 量子力学では粒子が位置 x と $x+dx$ の間の微小区間 dx に見いだされる確率は，波動関数 $f(x)$ により，$|f(x)|^2\,dx$ で与えられる．k 空間での波動関数 $\tilde{f}(k)$ は $f(x)$ のフーリエ変換 $\tilde{f}(k)=\displaystyle\int_{-\infty}^{\infty} f(x)\,e^{-ikx}\,dx$ により与えられ，波数 k が k と $k+dk$ との間の微小区間に見いだされる確率は $|\tilde{f}(k)|^2\,dk$ であることが知られている．ガウス型波動関数 $f(x)=N\,e^{-ax^2}$ のフーリエ変換を $\tilde{f}(k)=N'\,e^{-\frac{k^2}{4a}}$ と表す ($N'=N\sqrt{\pi/a}$．ここで N は定数)．

　ガウス型波動関数の場合の量子論における位置と波数の不確定さ $\varDelta x,\varDelta k$ を a を用いて表せ．ただし，不確定さは 60 ページの《参考》で述べた "偏差" と "期待値" の式を用いよ．また，その積 $\varDelta x\varDelta k$ がパラメータ a に無関係であることを示せ．

§10. フーリエ変換と常微分方程式

単振動

　常微分方程式をフーリエ変換を利用して解く方法を考えよう．単振動を表す微分方程式は，定数 ω_0 を用いて，時間に関する 2 階の微分方程式

(10.1) $$\ddot{f}(t) = -\omega_0^2 f(t)$$

として与えられる．ここで $\ddot{f}(t) \equiv d^2 f(t)/dt^2$．これはバネ定数 k_H のバネに質量 m の質点がつながれているとき，このバネの力のみが働く場合のニュートンの運動方程式である．$f(t)$ は時刻 t における，質点の静止の位置からのずれを表す．定数 ω_0 は $\omega_0^2 = k_H/m$ で与えられる．

　この微分方程式の解としては $\cos \omega_0 t$, $\sin \omega_0 t$ あるいは，$e^{i\omega_0 t}$, $e^{-i\omega_0 t}$ が存在することは，(10.1) にこれらの解を代入して確かめることができる．$\cos \omega_0 t$, $\sin \omega_0 t$ はただ 1 つの振動数 ω_0 による振動である．このような解が得られることをフーリエ変換を利用して調べよう．まず，フーリエ逆変換

(10.2) $$f(t) = \frac{1}{2\pi} \int_{-\infty}^{\infty} e^{i\omega t} \tilde{f}(\omega) \, d\omega$$

が任意の時刻 t について成り立つことを要請すると，(10.1) から

(10.3) $$(-\omega^2 + \omega_0^2) \tilde{f}(\omega) = 0$$

が得られる．上に述べたように ω_0 は定数である．この方程式の解は

(10.4) $$\tilde{f}(\omega) = \begin{cases} 0 & (\omega^2 \neq \omega_0^2), \\ 不定 & (\omega^2 = \omega_0^2) \end{cases}$$

であろうか．この問題を考えるためには，フーリエ変換には通常の関数だけでなく，ディラックのデルタ関数 $\delta(\omega - a)$（超関数）が現れることに注意しなければならない．例えば，$g(t) = e^{i\omega_0 t}$ のフーリエ変換を $\tilde{g}(\omega)$ とすると

$$\tilde{g}(\omega) = \int_{-\infty}^{\infty} e^{-i\omega t} g(t) \, dt = \int_{-\infty}^{\infty} e^{-i\omega t} e^{i\omega_0 t} \, dt = 2\pi \delta(\omega - \omega_0)$$

のように，デルタ関数が現れる．したがって $\tilde{f}(\omega)$ の候補として δ 関数のような超関数も許すことにしよう．

デルタ関数の性質から

(10.5) $\qquad (\omega - \omega_0)\delta(\omega - \omega_0) = 0, \qquad (\omega + \omega_0)\delta(\omega + \omega_0) = 0$

であり，一方 (10.3) により

(10.6) $\qquad\qquad\qquad (\omega - \omega_0)(\omega + \omega_0)\tilde{f}(\omega) = 0$

である．(8.30) から，A, B を任意定数として

(10.7) $\qquad\qquad\qquad \tilde{f}(\omega) = A\,\delta(\omega - \omega_0) + B\,\delta(\omega + \omega_0)$

と書くことができる．これが (10.3) を超関数を許して解いたものである．これをもとに t の関数として $f(t)$ を (10.2) を用いて求めると，

(10.8) $\qquad f(t) = \dfrac{1}{2\pi}\displaystyle\int_{-\infty}^{\infty} e^{i\omega t}\,\tilde{f}(\omega)\,d\omega = \dfrac{1}{2\pi}(A\,e^{i\omega_0 t} + B\,e^{-i\omega_0 t})$

が得られる．これはオイラーの公式により，

(10.9) $\qquad\qquad\qquad f(t) = C\cos\omega_0 t + D\sin\omega_0 t$

と書くこともできる．(10.8), (10.9) はよく知られた単振動解である．

例題 10.1 $t > 0$ で

(10.10) $\qquad\qquad\qquad f(t) = e^{-\gamma t} e^{\pm i\omega_1 t} \qquad (\gamma > 0)$

と与えられる振動を表す関数のフーリエ変換 $\tilde{f}(\omega)$ を求めよ．ただし $t < 0$ で $f(t) = 0$ とする．$e^{-\gamma t}$ は，$f(t)$ の振幅が $t \to$ 大 とともに急速に減少することを表す (減衰振動)．ここで $\omega_1 = \sqrt{\omega_0{}^2 - \gamma^2}$ である．ω_0 は固有振動数を表す．γ は抵抗の強さを表す定数．$\omega_0{}^2 - \gamma^2 > 0$ とした．抵抗をゼロにしたときは，固有振動数 ω_0 の単振動に帰着する．

[**解**] $\quad \tilde{f}(\omega) = \displaystyle\int_{-\infty}^{\infty} e^{-i\omega t} f(t)\,dt = \int_{0}^{\infty} e^{-i\omega t} f(t)\,dt = \int_{0}^{\infty} e^{-i\omega t} e^{-\gamma t} e^{\pm i\omega_1 t}\,dt$

$\qquad\qquad = \displaystyle\int_{0}^{\infty} e^{-(\gamma + i\omega \pm i\omega_1)t}\,dt = \left[-\dfrac{1}{\gamma + i\omega \pm i\omega_1} e^{-(\gamma + i\omega \pm i\omega_1)t}\right]_{0}^{\infty}$

$\qquad\qquad = \dfrac{1}{\gamma + i\omega \pm i\omega_1} = \dfrac{-i}{\omega \pm \omega_1 - i\gamma}$

となる．◇

《参考》 例題 10.1 の $f(t)$ は微分方程式
$$(10.11) \qquad \ddot{f}(t) + 2\gamma \dot{f}(t) + \omega_0^2 f(t) = 0$$
の $\omega_0^2 > \gamma^2$ の場合の解である減衰振動を表す．抵抗の強さ γ をゼロにすると，単振動 (10.1) になる．不等式 $\omega_0^2 > \gamma^2$ は，抵抗はゼロではないがそれほど強くないことを表す．(10.11) の解は (10.10) の 2 つの解の重ね合わせとして
$$(10.12) \qquad f(t) = A\,e^{-\gamma t} \cos \omega_1 t + B\,e^{-\gamma t} \sin \omega_1 t$$
と書ける．ここで A, B は任意定数で，初期条件 $f(0), \dot{f}(0)$ により決めることができる． ◇

例題 10.2 例題 10.1 で求めた $\tilde{f}(\omega)$ から逆に $f(t)$ を求め，出発点の関数 (10.10) になることを確かめよ．

[解]
$$f(t) = \frac{1}{2\pi} \int_{-\infty}^{\infty} e^{i\omega t} \tilde{f}(\omega)\,d\omega$$
である．$\tilde{f}(\omega)$ は $\omega = \pm \omega_1 + i\gamma$ ($\gamma > 0$) に 1 位の極をもつ．

$t > 0$ では半径無限大の上半円周を付け加えても積分は変わらない．コーシーの留数定理から
$$f(t) = \frac{1}{2\pi} 2\pi i (-i)\, e^{i(\pm\omega_1 + i\gamma)t} = e^{\pm i\omega_1 t}\, e^{-\gamma t}$$
が得られる．

$t < 0$ では半径無限大の下半円周を付け加えても積分は変わらない．この閉曲線内には極は存在しないから
$$f(t) = 0. \qquad ◇$$

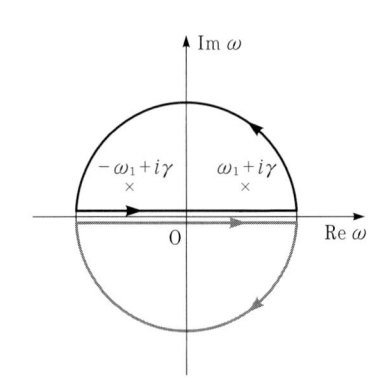

強制振動

外部から強制的に振動させる力が加わった系の振動は，次の非斉次方程式によって表される：

(10.13) $$\ddot{f} + 2\gamma \dot{f} + \omega_0^2 f = F_0 \cos \omega_F t \, .$$

$F_0 \cos \omega_F t$ は非斉次項と呼ばれ，一定の振動数 $\omega_F =$ 定数 (>0) で振動する外力を表す．

この非斉次方程式の一般解 $f(t)$ は，次の斉次方程式

(10.14) $$\ddot{f} + 2\gamma \dot{f} + \omega_0^2 f = 0$$

の一般解 $f_h(t)$ と非斉次方程式 (10.13) の特殊解 $f_p(t)$ の和

$$f(t) = f_h(t) + f_p(t)$$

として与えられる．

まず，特殊解 $f_p(t)$ を求める．(10.13) の右辺のフーリエ変換は

(10.15) $$F_0 \int_{-\infty}^{\infty} \cos \omega_F t \, e^{-i\omega t} \, dt = \frac{F_0}{2} \int_{-\infty}^{\infty} (e^{i\omega_F t - i\omega t} + e^{-i\omega_F t - i\omega t}) \, dt$$
$$= \pi F_0 \{ \delta(\omega - \omega_F) + \delta(\omega + \omega_F) \}$$

であり，(10.13) の左辺のフーリエ変換は

(10.16) $$(-\omega^2 + 2i\gamma\omega + \omega_0^2) \, \tilde{f}_p(\omega)$$

となる．これらをあわせて，

(10.17) $$(-\omega^2 + 2i\gamma\omega + \omega_0^2) \, \tilde{f}_p(\omega) = \pi F_0 \{ \delta(\omega - \omega_F) + \delta(\omega + \omega_F) \}$$

と書けるから

(10.18) $$\tilde{f}_p(\omega) = -\frac{\pi F_0 \{ \delta(\omega - \omega_F) + \delta(\omega + \omega_F) \}}{\omega^2 - \omega_0^2 - 2i\gamma\omega}$$
$$= -\pi F_0 \left\{ \frac{\delta(\omega - \omega_F)}{\omega_F^2 - \omega_0^2 - 2i\gamma\omega_F} + \frac{\delta(\omega + \omega_F)}{\omega_F^2 - \omega_0^2 + 2i\gamma\omega_F} \right\}$$

となる (分子にあるデルタ関数の性質から，分母にある ω を予め ω_F とした)．$f(t) = \frac{1}{2\pi} \int_{-\infty}^{\infty} \tilde{f}_p(\omega) e^{i\omega t} \, d\omega$ により，

(10.19) $$f_p(t) = \frac{-\pi F_0}{2\pi}\left\{\frac{e^{i\omega_F t}}{\omega_F{}^2 - \omega_0{}^2 - 2i\gamma\omega_F} + \frac{e^{-i\omega_F t}}{\omega_F{}^2 - \omega_0{}^2 + 2i\gamma\omega_F}\right\}$$

$$= -F_0 \frac{1}{(\omega_F{}^2 - \omega_0{}^2)^2 + 4\gamma^2\omega_F{}^2}\{(\omega_F{}^2 - \omega_0{}^2)\cos\omega_F t$$

$$- 2\gamma\omega_F \sin\omega_F t\}$$

$$= \frac{F_0}{\sqrt{(\omega_F{}^2 - \omega_0{}^2)^2 + 4\gamma^2\omega_F{}^2}} \cos(\omega_F t + \phi)$$

が得られる．ただし ϕ は次の式で与えられる：

(10.20) $$\begin{cases} \sin\phi = \dfrac{-2\gamma\omega_F}{\sqrt{(\omega_F{}^2 - \omega_0{}^2)^2 + 4\gamma^2\omega_F{}^2}}, \\ \cos\phi = \dfrac{-(\omega_F{}^2 - \omega_0{}^2)}{\sqrt{(\omega_F{}^2 - \omega_0{}^2)^2 + 4\gamma^2\omega_F{}^2}}. \end{cases}$$

次に，斉次方程式の一般解 $f_h(t)$ は (10.12) に与えられている．これを用いて

(10.21) $$f_h(t) = (A\cos\omega_1 t + B\sin\omega_1 t)e^{-\gamma t} \quad (A, B：任意定数)$$

となるから，非斉次方程式の一般解は (10.19), (10.21) により

(10.22) $$f(t) = f_h(t) + f_p(t)$$

で与えられる．

練習問題 10

1. $t > 0$ で $f(t) = (Ct + D)e^{-\gamma t}$（$C, D$：定数）となる関数のフーリエ変換 $\tilde{f}(\omega)$ を求めよ．ただし $t < 0$ で $f(t) = 0$ とする．

（これは例題 10.1 のときよりも抵抗が大きく $\gamma^2 - \omega_0{}^2 = 0$ を満たす場合である．すなわち $\gamma = \omega_0 (>0)$（臨界減衰）．ただし固有振動数 ω_0 は例題 10.1 のときと同じであるとする．このときはもはや振動は現れない．)

2. **1** で $\gamma = \omega_0 (>0)$ の場合を考える(臨界減衰).

$$\tilde{f}(\omega) = -\frac{C}{(\omega - i\gamma)^2} - \frac{iD}{\omega - i\gamma}$$

から

§10. フーリエ変換と常微分方程式

$$f(t) = \frac{1}{2\pi} \int_{-\infty}^{\infty} e^{i\omega t} \tilde{f}(\omega)\, d\omega$$

を計算せよ．

3. $t > 0$ で
$$f(t) = (A\,e^{\kappa t} + B\,e^{-\kappa t})\,e^{-\gamma t} \qquad (\text{ここで } \kappa = \sqrt{\gamma^2 - \omega_0^2}\,)$$
となる関数をフーリエ変換せよ．ただし $t < 0$ で $f(t) = 0$ とする．

（これは問 **1** のときよりさらに抵抗 γ が強くなったときである（過減衰）．すなわち $\gamma^2 > \omega_0^2$．ただし固有振動数 ω_0^2 は，やはり例題 10.1 のときと同じであるとする．）

§11. フーリエ展開と偏微分方程式

熱伝導方程式

次の**熱伝導方程式**と呼ばれる偏微分方程式

$$(11.1) \qquad \frac{\partial u(x,t)}{\partial t} = D \frac{\partial^2 u(x,t)}{\partial x^2} \qquad (D > 0)$$

をフーリエ級数展開を利用して解く方法を考える．ここで $u(x,t)$ は，1次元的(x 方向)に広がった物体の，位置 x，時刻 t における温度を表す．偏微分 $\dfrac{\partial u(x,t)}{\partial t}$，$\dfrac{\partial u(x,t)}{\partial x}$，$\dfrac{\partial^2 u(x,t)}{\partial x^2}$ をそれぞれ $\partial_t u(x,t)$，$\partial_x u(x,t)$，$\partial_{xx} u(x,t)$ と書くこともある．

(11.1) を導出しよう．$x, x+\varDelta x$ 間の温度は，$x+\varDelta x$ と x とを通して入ってくる熱量の差によって上昇(負の場合は下降)する．この $\varDelta x$ 区間の単位時間当りの温度上昇を引き起こす熱量 $\partial_t u(x,t) \varDelta x$ は，

$$(11.2) \qquad \frac{\partial u(x,t)}{\partial t} \varDelta x = D\left(\left[\frac{\partial u(x,t)}{\partial x}\right]_{x+\varDelta x} - \left[\frac{\partial u(x,t)}{\partial x}\right]_x \right)$$

で与えられる．右辺の第1項は $x+\varDelta x$ においての温度勾配 $\dfrac{\partial u(x,t)}{\partial x}$ が正であればその勾配に比例した熱量の流入があることを示し(D は流入する熱量と温度勾配の間の比例定数)，第2項は x においての温度勾配が正であると，負の符号が付いているので熱量の流出があることを示す．

$\varDelta x \to 0$ とすると (11.2) の右辺は $D\dfrac{\partial^2 u(x,t)}{\partial x^2} \varDelta x$ に近づく．したがって (11.1) を得る．

熱伝導方程式の解法　　各点各時刻での温度を表す関数 $u(x,t)$ が x について<u>周期的だとしたときの</u>，この方程式の解を求めよう．x についての周期性を $u(x,t) = u(x+2L, t)$ とすると u はフーリエ展開できる：

$$(11.3) \quad u(x,t) = \frac{a_0(t)}{2} + \sum_{n=1}^{\infty}\left\{a_n(t)\cos\frac{n\pi x}{L} + b_n(t)\sin\frac{n\pi x}{L}\right\}.$$

したがって

$$(11.4) \quad \begin{cases} \dfrac{\partial u}{\partial t} = \dfrac{\dot{a}_0(t)}{2} + \sum_{n=1}^{\infty}\left\{\dot{a}_n(t)\cos\dfrac{n\pi x}{L} + \dot{b}_n(t)\sin\dfrac{n\pi x}{L}\right\}, \\ D\dfrac{\partial^2 u}{\partial x^2} = -D\sum_{n=1}^{\infty}\dfrac{n^2\pi^2}{L^2}\left\{a_n(t)\cos\dfrac{n\pi x}{L} + b_n(t)\sin\dfrac{n\pi x}{L}\right\}. \end{cases}$$

ここでドットは時間 t についての微分 $\dot{a}_0(t) = d\,a_0(t)/dt$ などを表す. (11.1) から 1, $\cos\dfrac{n\pi x}{L}$, $\sin\dfrac{n\pi x}{L}$ 等の係数を比較して

$$(11.5) \quad \begin{cases} \dot{a}_0(t) = 0, \quad \dot{a}_n(t) = -D\dfrac{n^2\pi^2}{L^2}a_n(t), \\ \dot{b}_n(t) = -D\dfrac{n^2\pi^2}{L^2}b_n(t) \end{cases}$$

の微分方程式を得る. これを解くと

$$(11.6) \quad \begin{cases} a_0(t) = a_0(0), \quad a_n(t) = a_n(0)\exp\left(-D\dfrac{n^2\pi^2}{L^2}t\right), \\ b_n(t) = b_n(0)\exp\left(-D\dfrac{n^2\pi^2}{L^2}t\right) \end{cases}$$

となる. $a_0(0), a_n(0), b_n(0)$ は $t=0$ での $u(x,0)$ が与えられれば, 一意に定まる定数である. 熱伝導方程式は t についての1階の微分方程式だから $t=0$ での初期条件は $u(x,0)$ のみで十分である. $u(x,0)$ が与えられると, 周期性 $u(x,0) = u(x+2L,0)$ から

$$(11.7) \quad \begin{cases} a_0(0) = \dfrac{1}{L}\displaystyle\int_{-L}^{L}u(x,0)\,dx, \\ a_n(0) = \dfrac{1}{L}\displaystyle\int_{-L}^{L}\cos\dfrac{n\pi x}{L}\,u(x,0)\,dx, \\ b_n(0) = \dfrac{1}{L}\displaystyle\int_{-L}^{L}\sin\dfrac{n\pi x}{L}\,u(x,0)\,dx \end{cases}$$

のように積分定数 $a_0(0)$ および $a_n(0), b_n(0)$ ($n \neq 0$) が求められる.

例題 11.1 熱伝導方程式 (11.1) に対して $t = 0$ における初期条件を次の温度分布で与える：
$$u(x, 0) = \begin{cases} 1 & (-L \leqq x < -L/2), \\ 0 & (-L/2 \leqq x < L/2), \\ 1 & (L/2 \leqq x \leqq L). \end{cases}$$

このときの温度分布 $u(x, t)$ を求めるために，$a_0(0), a_n(0), b_n(0)$ ($n \neq 0$) を求めよ．それを用いて $u(x, t)$ の具体的関数形を求めよ．

[解] $u(x, 0)$ は偶関数だから $b_n(0) = 0$ ($n \neq 0$) である．
$$a_0(0) = \frac{1}{L} \int_{-L}^{L} u(x, 0)\, dx = \frac{2}{L} \int_{\frac{L}{2}}^{L} 1\, dx = 1,$$
$$a_n(0) = \frac{1}{L} \int_{-L}^{L} \cos\frac{n\pi x}{L} u(x, 0)\, dx$$
$$= \frac{2}{L} \int_{\frac{L}{2}}^{L} \cos\frac{n\pi x}{L} u(x, 0)\, dx = -\frac{2}{n\pi} \sin\frac{n\pi}{2} \quad (n \neq 0)$$

により，
$$u(x, t) = \frac{1}{2} + \frac{2}{\pi} \sum_{l=0}^{\infty} \left\{ \frac{-1}{4l+1} \exp\left(-D(4l+1)^2 \frac{\pi^2}{L^2} t\right) \cos\frac{(4l+1)\pi}{L} x \right.$$
$$\left. + \frac{1}{4l+3} \exp\left(-D(4l+3)^2 \frac{\pi^2}{L^2} t\right) \cos\frac{(4l+3)\pi}{L} x \right\}$$

となる．$\sum_{l=0}^{\infty}$ を $\sum_{l=0}^{5}$ で近似したとき，$t = 0.001 \frac{L^2}{\pi^2 D}$，$t = 2 \frac{L^2}{\pi^2 D}$ における温度分布の様子を下の図に示す．$t = 0$ における温度の不均一性が $t \to$ 大 とともに，熱伝導により両端の温度が低くなり均一化して $u(x, t)$ は $1/2$ に近づいていくという，実際の現象と合致する結論が得られる．◇

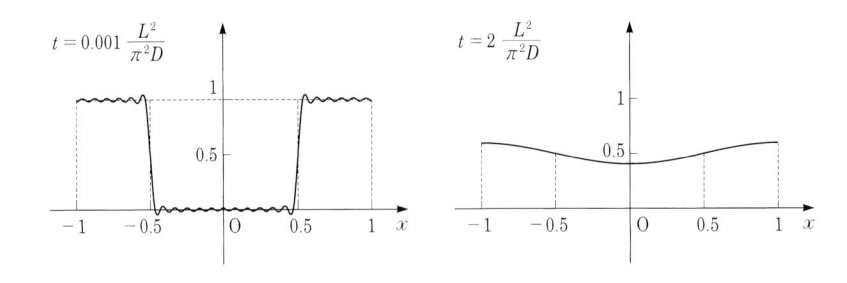

弦の振動と波動方程式

両端を x-軸方向に一定の力で引っ張った弦には，弦に沿って一定の張力が働く．このような弦を弦と垂直方向にはじくと弦は振動する．この運動を表す方程式を求めよう．

各点 x において，x-軸と垂直な方向（y とする）の弦の変位（y 座標）を $u(x,t)$ と書く．弦に沿って一定の張力 κ が働くとすると，$x+\varDelta x$ 点では y-軸方向に $\kappa\sin\theta$ の力が働く．θ は変位 $u(x,t)$ から得られる勾配

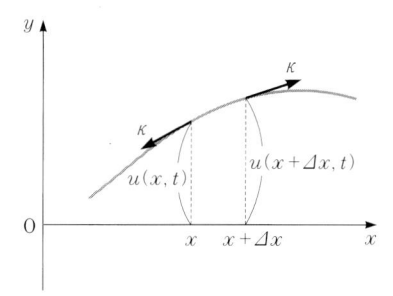

$$\frac{dy}{dx}=\frac{\partial u}{\partial x}=\tan\theta$$

によって決まる．いま θ が小さいとして $\tan\theta\sim\sin\theta$ と近似すると，力の y 成分 $\kappa\sin\theta$ は $\kappa\partial u/\partial x$ と書ける．弦の x と $x+\varDelta x$ とに挟まれた微小部分に働く張力の y 方向の分力は

$$(11.8)\qquad \kappa\frac{\partial u}{\partial x}\bigg|_{x+\varDelta x}-\kappa\frac{\partial u}{\partial x}\bigg|_{x}$$

である．一方，弦の質量線密度（単位長さ当りの質量）を σ とすると，この微小部分の質量は $\sigma\varDelta x$ となるから，この部分に関するニュートンの運動方程式 $ma=F$（m は質量，a は加速度，F は力）は $m=\sigma\varDelta x$, $a=\partial^2 u/\partial t^2$ とおいて，

$$(11.9)\qquad \sigma\varDelta x\frac{\partial^2 u}{\partial t^2}=\kappa\frac{\partial u}{\partial x}\bigg|_{x+\varDelta x}-\kappa\frac{\partial u}{\partial x}\bigg|_{x}\sim \kappa\frac{\partial^2 u}{\partial x^2}\varDelta x.$$

したがって $\sigma\dfrac{\partial^2 u}{\partial t^2}\varDelta x=\kappa\dfrac{\partial^2 u}{\partial x^2}\varDelta x$ を得る．これを書き直すと

$$(11.10)\qquad \frac{1}{c^2}\frac{\partial^2 u}{\partial t^2}-\frac{\partial^2 u}{\partial x^2}=0$$

を得る．この方程式は 1 次元の**波動方程式**と呼ばれている．c は $c^2=\kappa/\sigma$ で与えられ，この波動方程式が表す波の伝わる速さという意味をもつ．

波動方程式の解法　　(11.10) の波動方程式をフーリエ展開を用いて解くことを考える．位置 x，時刻 t における変位 $u(x,t)$ が x について周期 $2L$ をもつとする．すなわち $u(x+2L,t) = u(x,t)$．このことから各時刻において

$$(11.11) \quad u(x,t) = \frac{a_0(t)}{2} + \sum_{n=1}^{\infty} \left\{ a_n(t) \cos\frac{n\pi}{L}x + b_n(t) \sin\frac{n\pi}{L}x \right\}$$

とフーリエ展開できる．これから

$$\begin{cases} \partial_t^2 u = \ddot{u} = \dfrac{\ddot{a}_0(t)}{2} + \sum_{n=1}^{\infty}\left\{ \ddot{a}_n(t)\cos\dfrac{n\pi}{L}x + \ddot{b}_n(t)\sin\dfrac{n\pi}{L}x \right\}, \\ \partial_x^2 u = \quad\quad -\sum_{n=1}^{\infty} \dfrac{n^2\pi^2}{L^2}\left\{ a_n(t)\cos\dfrac{n\pi}{L}x + b_n(t)\sin\dfrac{n\pi}{L}x \right\} \end{cases}$$

を得る．これと (11.10) から

$$(11.12) \quad \begin{cases} \ddot{a}_0(t) = 0, \\ \ddot{a}_n(t) = -\dfrac{c^2 n^2 \pi^2}{L^2} a_n(t), \\ \ddot{b}_n(t) = -\dfrac{c^2 n^2 \pi^2}{L^2} b_n(t) \end{cases}$$

の常微分方程式が得られる．これを解くと

$$(11.13) \quad \begin{cases} a_0(t) = p_0 + q_0 t, \\ a_n(t) = p_n e^{i\frac{cn\pi}{L}t} + q_n e^{-i\frac{cn\pi}{L}t}, \\ b_n(t) = r_n e^{i\frac{cn\pi}{L}t} + s_n e^{-i\frac{cn\pi}{L}t} \end{cases}$$

を得る．ここで $p_0, q_0, p_n, q_n, r_n, s_n$ は任意定数である．これらの定数は $t=0$ における初期条件として $u(x,t)$，$\dot{u}(x,0) \equiv \left.\dfrac{\partial u(x,t)}{\partial t}\right|_{t=0}$ を与えることによって決めることができる．波動方程式は t について2階の微分方程式なのでこのように $u(x,0)$，$\dot{u}(x,0)$ の2つの初期条件を必要とする．

§11. フーリエ展開と偏微分方程式

変数分離法

波動方程式 (11.10) を変数分離法により解くことを考えよう．ただしここでも周期性 $u(x+2L,t) = u(x,t)$ を仮定する．

$u(x,t) = f(t)g(x)$ のように 2 つの変数 t, x の関数 $f(t), g(x)$ の積とおく．これが**変数分離法**である．

(11.10) から

(11.14) $$\frac{1}{c^2}\ddot{f}(t)g(x) - f(t)g''(x) = 0$$

となる．ここで $g''(x) = d^2g(x)/dx^2$ を用いた．この式を書き直すと

(11.15) $$\frac{1}{c^2}\frac{\ddot{f}(t)}{f(t)} = \frac{g''(x)}{g(x)} = 定数$$

となる．なぜならば，(11.15) の第 1 式は t のみを含み x を含まない．第 2 式は x のみを含み t を含まないという著しい特徴をもっている．その両者が等号で結ばれているのでこれは t も x も含まない定数となることを要求する．この結果，(11.14) は変数の異なる 2 つの方程式に分離できる．すなわち

(11.16) $$\frac{1}{c^2}\frac{\ddot{f}(t)}{f(t)} = 定数, \qquad \frac{g''(x)}{g(x)} = 定数$$

である．この 2 つの方程式に現れる定数は互いに等しくなければならない．

（1） 定数 $= 0$ のとき：

(11.17) $$\ddot{f}(t) = 0, \qquad g''(x) = 0$$

となる．これらは

(11.18) $$f(t) = f_0 + f_1 t, \qquad g(x) = g_0 + g_1 x$$

と解ける．f_0, f_1, g_0, g_1 は任意定数である．周期性から $g(x+2L) = g(x)$ を満たさねばならない．すなわち，

$$g_0 + g_1(x+2L) = g_0 + g_1 x$$

から，$g_1 = 0$ となる．よって $g(x) = g_0 = 定数$．

(11.19) $$u(x,t) = (f_0 + f_1 t)g_0 = \frac{1}{2}(p_0 + q_0 t)$$

となる．

（２）定数 $\neq 0$ のとき：

$g(x+2L) = g(x)$ を満たす関数として $\cos\dfrac{n\pi}{L}x$, $\sin\dfrac{n\pi}{L}x$ （$n=0$ 以外のすべての整数）を考える．

$$(11.20) \quad \frac{g''(x)}{g(x)} = -\frac{n^2\pi^2}{L^2} \quad (n\neq 0)$$

を満たすから (11.15) より

$$(11.21) \quad \frac{1}{c^2}\frac{\ddot{f}(t)}{f(t)} = -\frac{n^2\pi^2}{L^2} \quad (n\neq 0)$$

となる．この結果，$f(t)$ は $e^{i\frac{cn\pi}{L}t}$ と $e^{-i\frac{cn\pi}{L}t}$ の重ね合わせとなる．この振動数 n をもつ解 $e^{\pm i\frac{cn\pi}{L}t}\cos\dfrac{n\pi}{L}x$, $e^{\pm i\frac{cn\pi}{L}t}\sin\dfrac{n\pi}{L}x$ の１次結合は次のように書ける：

$$(11.22) \quad a_n(t)\cos\frac{n\pi}{L}x + b_n(t)\sin\frac{n\pi}{L}x.$$

ここで $a_n(t) = p_n e^{i\frac{cn\pi}{L}t} + q_n e^{-i\frac{cn\pi}{L}t}$, $b_n(t) = r_n e^{i\frac{cn\pi}{L}t} + s_n e^{-i\frac{cn\pi}{L}t}$ である．p_n, q_n, r_n, s_n は任意定数である．(11.19), (11.22) はすべて (11.10) を満たすから，$u(x,t)$ は (11.19), (11.22) の１次結合として次のように表すことができる：

(11.23)
$$u(x,t) = \frac{1}{2}(p_0 + q_0 t) + \sum_{n=1}^{\infty}\left\{a_n(t)\cos\frac{n\pi}{L}x + b_n(t)\sin\frac{n\pi}{L}x\right\}.$$

$p_0, q_0, p_n, q_n, r_n, s_n$ は初期条件 $u(x,0)$, $\dot{u}(x,0) \equiv \left.\dfrac{\partial u(x,t)}{\partial t}\right|_{t=0}$ が与えられれば次のように定まる：

$$(11.24) \quad \begin{cases} p_0 = \dfrac{1}{L}\displaystyle\int_{-L}^{L} u(x,0)\,dx, \\ q_0 = \dfrac{1}{L}\displaystyle\int_{-L}^{L} \dot{u}(x,0)\,dx. \end{cases}$$

(11.25)
$$\begin{cases} p_n = \dfrac{1}{2L} \displaystyle\int_{-L}^{L} \cos\dfrac{n\pi}{L} x \left\{ u(x,0) + \dfrac{L}{icn\pi}\dot{u}(x,0) \right\} dx, \\ q_n = \dfrac{1}{2L} \displaystyle\int_{-L}^{L} \cos\dfrac{n\pi}{L} x \left\{ u(x,0) - \dfrac{L}{icn\pi}\dot{u}(x,0) \right\} dx. \end{cases}$$

(11.26)
$$\begin{cases} r_n = \dfrac{1}{2L} \displaystyle\int_{-L}^{L} \sin\dfrac{n\pi}{L} x \left\{ u(x,0) + \dfrac{L}{icn\pi}\dot{u}(x,0) \right\} dx, \\ s_n = \dfrac{1}{2L} \displaystyle\int_{-L}^{L} \sin\dfrac{n\pi}{L} x \left\{ u(x,0) - \dfrac{L}{icn\pi}\dot{u}(x,0) \right\} dx. \end{cases}$$

練 習 問 題 11

1. $f(x,y) = x^2 y$ とする. 偏微分 $\dfrac{\partial f}{\partial x}$ と $\dfrac{\partial f}{\partial y}$ を求めよ.

2. $f(x,y) = \sin x \cos y$ とする. 偏微分 $\dfrac{\partial f}{\partial x}$ と $\dfrac{\partial f}{\partial y}$ を求めよ.

3. 熱伝導方程式 (11.1) において $t = 0$ における温度分布が
$$u(x,0) = \cos\dfrac{\pi}{2L} x \qquad (-L \leqq x \leqq L)$$
のとき, $u(x,t)$ を求めよ.

4. 1次元波動方程式 (11.10) において
$$\begin{cases} u(x,0) = \sin\dfrac{2\pi}{L} x + \sin\dfrac{4\pi}{L} x, \\ \dot{u}(x,0) = 0 \end{cases}$$
という初期条件を満たし, x について周期 $2L$ をもつ解 $u(x,t)$ を求めよ.

§ 12. ラプラス変換

ラプラス変換

摩擦がある場合の振動の様子を考えると，時刻 $t=0$ で振動を始めたとしても，時間が経つとともに摩擦抵抗により振動は徐々に弱くなっていく．このような問題を工学などでは**過渡現象**という．このような過渡現象を扱うのに便利な方法としてラプラス変換がある．振動を表す関数 $f(t)$ の定義域を $t>0$ とせず，$f(t)$ は $t<0$ ではゼロで，$t>0$ のときのみゼロでない値をもつ関数と考える．以下では t の代りに x と書いて，ラプラス変換とは何かを考える．$f(x)$ の**ラプラス変換** $F(s)$ を次のように定義する：

$$(12.1) \qquad F(s) = \int_0^\infty e^{-sx} f(x)\,dx$$

この変換を考えると，$f(x)$ の微分方程式を $F(s)$ に対する代数方程式として取り扱うことができるなど利点がある．$f(x)$ としては積分 (12.1) が収束するものであればよい．このような関数としてはべき関数 x^n のみならず指数関数 e^{ax} も含まれる．a は正の数でもよいが，e^{ax} のときは (12.1) が収束するための条件として s が a より大きくなければならない．e^{x^2} のように，x が大きいところで指数関数 e^x より強い発散をする関数は $f(x)$ としては許されない．なぜなら s をいくら大きくとっても e^{x^2} の発散は e^{-sx} の収束性より強いからである．

例題 12.1 関数 $f(x) = e^{ax}$ のラプラス変換 $F(x)$ を求めよ．

[解] ラプラス変換は次の式で与えられる：

$$F(s) = \int_0^\infty e^{-sx} f(x)\,dx = \int_0^\infty e^{-(s-a)x}\,dx .$$

ここで $\operatorname{Re} s > a$ とすると，被積分関数は $x \to \infty$ でゼロに近づき積分は収束して

$$F(s) = \left[\frac{e^{-(s-a)x}}{-(s-a)}\right]_0^\infty = \frac{1}{s-a} . \qquad \diamond$$

ラプラス逆変換

次に $F(s)$ が知られているとき，もとの $f(x)$ を求める問題を考えよう．例えば，例題 12.1 で求めた $F(s)$ で s を複素数に拡張して考えると $F(s)$ は $s=a$ に 1 位の極をもつ．$s=s_1+is_2$（s_1, s_2 は実数）とする．直線 L（虚軸に平行で $s=s_1$ を通る直線）に沿って（右の図を参照），$s_2=-\infty$ から $s_2=+\infty$ までの積分

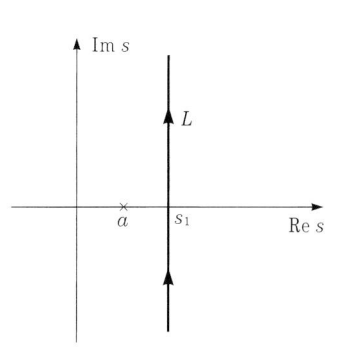

$$(12.2) \qquad f(x)=\frac{1}{2\pi i}\int_L e^{sx}F(s)\,ds$$

を考える．s_1 は $s_1>a$ なら何でもよい．

例 12.1 例題 12.1 で求めた $F(s)$ が (12.2) を通して $f(x)=e^{ax}$ になることを確かめる．

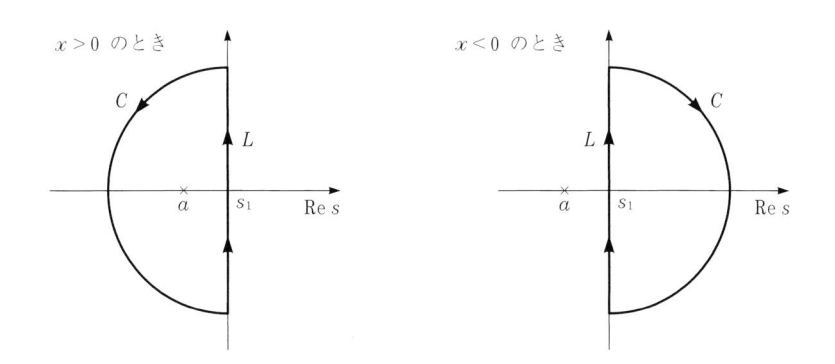

（1） $x>0$ のとき： 積分 (12.2) を求めるのに複素積分の知識をかりてくるのが有効な方法である．中心を $s=s_1$ とする半径 R の半円周を積分路 L の左側に付け加える．これによってできる閉曲線を C とする．このとき，

$$\text{(12.3)} \qquad f(x) = \frac{1}{2\pi i} \oint_C e^{sx} F(s)\, ds$$

である．ただし，R は大きな正の数とする．左半円周上の点は，複素数を用いて $s = s_1 + R e^{i\theta}$ ($\pi/2 < \theta < 3\pi/2$) と書ける．

$$e^{sx} = e^{s_1 x} e^{xR e^{i\theta}} = e^{s_1 x} e^{xR\cos\theta + i xR\sin\theta}$$

となるが，$x > 0$，$\pi/2 < \theta < 3\pi/2$ で $\cos\theta < 0$ であることを考えると

$$e^{xR\cos\theta} \xrightarrow{R\to\infty} 0$$

となるので，$R \to \infty$ では左半円周上の積分はゼロであり，閉曲線 C に沿っての積分と，求めたい L に沿っての積分とは等しい．もう少し正確には，例題 6.2 の[解]で見たように，円周上で $\cos\theta \sim 0$ となる領域からの積分への寄与を正しく評価すると，$|s| \to \infty$ において，(すなわち $s = R e^{i\theta}$，$R \to \infty$ において)，$F(s)$ が $1/s^z$ ($z > 0$) より早く減少する関数であるならば，$R \to \infty$ の半円周上の積分は $1/R^z$ に比例して小さくなる．以下では $F(s)$ が $|s| =$ 大 で $1/s^z$ ($z > 0$) のように振る舞うと仮定しよう．このように (12.2) で求めたい L に沿っての積分は，閉曲線に沿っての積分を求めればよいことになった．

コーシーの留数定理（p.41 参照）によると，被積分関数 $e^{sx}/(s-a)$ の $s = a$ における 1 位の極から，(12.3) の積分は極における留数 $e^{sx}|_{s=a} = e^{ax}$ により，次のようになる：

$$f(x) = \frac{1}{2\pi i} 2\pi i\, e^{ax} = e^{ax}.$$

（2）$x < 0$ のとき：$s = s_1$ を中心とする半径 R の半円周を直線 L の右側につけ加えても (1) と同様に積分は変わらない．なぜなら

$$e^{xR\cos\theta} \xrightarrow{R\to\infty} 0.$$

ここで $x < 0$，$-\pi/2 < \theta < \pi/2$ から $\cos\theta > 0$ であることを使った．ここでも $F(s)$ が $|s| \to \infty$ で $1/s^z$ ($z > 0$) のように振る舞うと仮定する．

L に上記右半円周を付け加えた閉曲線を C とすると，その内部には極はないので，コーシーの留数定理により積分 (12.3) はゼロであり $f(x) = 0$ を与える．

(1) と (2) の結果をまとめれば $f(x)$ は次のように得られる：

$$f(x) = \begin{cases} e^{ax} & (x > 0), \\ 0 & (x < 0). \end{cases}$$

よって，(12.2) は例題 12.1 で扱った関数の逆変換を与えることがわかる．　◇

証明は与えないが，一般に，ラプラス変換 $F(s)$ が与えられたとき，**ラプラス逆変換**は

$$(12.4) \qquad f(x) = \frac{1}{2\pi i} \int_L e^{sx} F(s) \, ds \qquad (\text{s は複素数})$$

で与えられる．$F(s)$ が複数個の極をもつとき（これらの極は 1 位とは限らない．2 位とか 3 位とかの場合もある），積分路 L は $F(s)$ のすべての極の位置より右側の任意の，虚軸と平行な直線である．極を $a_1, a_2, \cdots, a_N$ とする．$e^{sx} F(s)$ の a_m ($m = 1, \cdots, N$) における留数を $A_m(x)$ とすると（留数は x の関数であることに注意）

$$(12.5) \qquad f(x) = \begin{cases} \sum_{m=1}^{N} A_m(x) & (x > 0), \\ 0 & (x < 0) \end{cases}$$

となる．

例題 12.2 次の $F(s)$ のラプラス逆変換を求めよ．

$$F(s) = \frac{n!}{(s-a)^{n+1}} \qquad (n \geq 0)$$

［解］

$$e^{sx} F(s) = \frac{n! \, e^{sx}}{(s-a)^{n+1}}$$

である．一方，$s = a$ のまわりで e^{sx} を（s について）級数展開すると

$$e^{sx} = e^{ax} + x \, e^{ax}(s-a) + \frac{x^2 e^{ax}}{2!}(s-a)^2 + \cdots$$
$$+ \frac{x^n e^{ax}}{n!}(s-a)^n + \cdots$$

だから，$e^{sx} F(s)$ は $s = a$ のまわりで

$$e^{sx} F(s) = n! \, e^{ax} \left\{ \frac{1}{(s-a)^{n+1}} + \frac{x}{1!(s-a)^n} + \cdots \right.$$
$$\left. + \frac{x^n}{n!(s-a)} + \frac{x^{n+1}}{(n+1)!} + \cdots \right\}$$

と展開できる．よって留数は $x^n e^{ax}$ であることがわかる．したがって (12.5) から，ラプラス逆変換 $f(x)$ は次のように与えられる：

$$f(x) = x^n e^{ax}. \quad \diamondsuit$$

各種関数のラプラス変換と逆変換

関数 f についてのラプラス変換を

(12.6) $$F(s) = \mathcal{L}[f]$$

とも書く．このとき，ラプラス逆変換は

(12.7) $$f(x) = \mathcal{L}^{-1}[F]$$

とも書く．

種々の関数のラプラス変換を表 12.1 に示す．表で $f(x)$, $\mathcal{L}[f]$ などは

(12.8) $$f(x) = \begin{cases} f(x) & (x > 0), \\ 0 & (x < 0). \end{cases}$$

(12.9) $$\mathcal{L}[f] = \mathcal{L}[f\,;s] = F(s), \qquad \mathcal{L}[f\,;s-a] = F(s-a)$$

を意味する．

例題 12.3 次の $F(s)$ のラプラス逆変換を求めよ．

$$F(s) = \frac{1}{(s+1)(s-1)(s+i)(s-i)}$$

[解] $F(s) = \dfrac{a_1}{s+1} + \dfrac{a_2}{s-1} + \dfrac{a_3}{s+i} + \dfrac{a_4}{s-i}$ と部分分数に展開する．したがって

$$a_1 = (s+1)F(s)|_{s=-1} = \frac{1}{(-2)(-1+i)(-1-i)} = \frac{-1}{2(1+1)} = -\frac{1}{4},$$

$$a_2 = (s-1)F(s)|_{s=1} = \frac{1}{2(1+i)(1-i)} = \frac{1}{4},$$

$$a_3 = (s+i)F(s)|_{s=-i} = \frac{1}{(-i+1)(-i-1)(-i-i)} = \frac{-i}{4},$$

$$a_4 = (s-i)F(s)|_{s=i} = \frac{1}{(i+1)(i-1)2i} = \frac{i}{4}.$$

以上より，ラプラス逆変換 $f(x)$ は次のように与えられる：

$$f(x) = \frac{1}{2\pi i}\int e^{sx}\left(-\frac{1}{4}\frac{1}{s+1} + \frac{1}{4}\frac{1}{s-1} - \frac{i}{4}\frac{1}{s+i} + \frac{i}{4}\frac{1}{s-i}\right)ds$$

$$= -\frac{1}{4}e^{-x} + \frac{1}{4}e^x - \frac{i}{4}e^{-ix} + \frac{i}{4}e^{ix} = \frac{1}{2}\sinh x - \frac{1}{2}\sin x. \quad \diamond$$

§12. ラプラス変換

表 12.1

$f(x)$	$F(s) = \mathcal{L}[f;s]$
1	$1/s$
e^{ax}	$1/(s-a)$
$\cosh ax$	$s/(s^2-a^2)$
$\sinh ax$	$a/(s^2-a^2)$
e^{ikx}	$1/(s-ik)$
e^{-ikx}	$1/(s+ik)$
$\sin kx$	$k/(s^2+k^2)$
$\cos kx$	$s/(s^2+k^2)$
x	$1/s^2$
x^2	$2!/s^3$
x^n	$n!/s^{n+1}$
x^a	$\Gamma(a+1)/s^{a+1}$
$\dfrac{1}{\sqrt{x}}$	$\Gamma\left(\dfrac{1}{2}\right)\Big/s^{\frac{1}{2}}$
$f'(x)$	$s\mathcal{L}[f]-f(0)$
$f''(x)$	$s^2\mathcal{L}[f]-sf(0)-f'(0)$
$\displaystyle\int_0^x f(x')\,dx'$	$\dfrac{1}{s}\mathcal{L}[f]$
$e^{ax}f(x)$	$\mathcal{L}[f;s-a]$
$e^{ax}x$	$1/(s-a)^2$
$e^{ax}x^n$	$n!/(s-a)^{n+1}$
$e^{ax}\sin kx$	$k/\{(s-a)^2+k^2\}$
$e^{ax}\cos kx$	$(s-a)/\{(s-a)^2+k^2\}$
$e^{ax}e^{ikx}$	$1/(s-a-ik)$
$\mathcal{L}^{-1}[F(s)]$	$F(s)$
$\mathcal{L}^{-1}[F_1F_2] = \mathcal{L}^{-1}[F_1]*\mathcal{L}^{-1}[F_2]$	$F_1(s)F_2(s)$

(注: Γ はガンマ関数と呼ばれるもので, 例題 12.4, 5 を参照)

例題 12.4 x^a のラプラス変換を**ガンマ関数** $\Gamma(a+1) = \int_0^\infty e^{-x} x^a \, dx$ を用いて表せ ($a > -1$)．

[解] $$\int_0^\infty x^a e^{-sx} \, dx = \int_0^\infty e^{-t} \frac{t^a}{s^{a+1}} \, dt = \frac{\Gamma(a+1)}{s^{a+1}}.$$
ここで $t = sx$ ($s > 0$) と置き換えた． ◇

《参考》 ガンマ関数は $a = n =$ 整数 のとき $\Gamma(n+1) = n!$ となり，n の階乗となる（$n! = n(n-1) \cdots 2 \cdot 1$）．

$\int_0^\infty e^{-\sigma t} \, dt = I(\sigma) = \dfrac{1}{\sigma}$ （ここで $\sigma > 0$ とする）であるから，この式の両辺に $-\dfrac{d}{d\sigma}$ を次々に掛けることにより

$$\int_0^\infty t \, e^{-\sigma t} \, dt = \frac{1}{\sigma^2}, \quad \int_0^\infty t^2 \, e^{-\sigma t} \, dt = \frac{2!}{\sigma^3}, \quad \cdots, \quad \int_0^\infty t^n \, e^{-\sigma t} \, dt = \frac{n!}{\sigma^{(n+1)}}$$

となる．$\sigma = 1$ とおけば
$$\int_0^\infty t^n e^{-t} \, dt = n! = \Gamma(n+1). \quad \diamond$$

$\Gamma(a+1)/s^{a+1}$ ($a =$ 実数) の逆変換　　L 上で変数 s は $s = \sigma + i\tau$，$\tau \in (-\infty, \infty)$ と書ける．逆変換を求めるため，次のようにおく：

(12.10) $$I_L = \int_L e^{sx} s^{-(a+1)} \, ds.$$

$s^{-(a+1)}$ は $a \neq$ 整数 のとき多価関数である[1]．多価性を表すために $s =$ 負実軸 に沿って切断 (cut) を入れる．切断は極とは異なるが，複素関数の特異性を表す．切断をもつ関数の積分は，今までの複素積分に比べ注意を要する．以下に実例を見る．

---

1) s^m ($m =$ 整数) は 1 価関数である．s を複素平面上で原点のまわりに 1 周したとき $s \to s' = s e^{i2\pi}$ となる．したがって $s'^m = s^m e^{i2\pi m} = s^m$ でもとに戻る．一方，s^z ($z \neq$ 整数) とすると，原点まわりに 1 周したとき $s'^z = s^z e^{i2\pi z}$ となり，$e^{i2\pi z} \neq 1$ だから s^z に戻らない．例えば $z = 1/2$ のとき $e^{i4\pi z} = e^{i2\pi} = 1$ となるので，2 周するともとに戻る．このようなとき 2 価関数という．

§12. ラプラス変換

例 12.2 $\Gamma(a+1)/s^{a+1}$ ($a =$ 実数) の逆変換を求めよう．

(1) $x > 0$ のとき： $e^{sx} s^{-(a+1)}$ ($a \neq$ 整数) は<u>切断以外には特異性をもたない</u>ので積分路として，切断を避けて，図のような閉曲線 C ($= K + L + \varepsilon$) を考えると，閉曲線 C 内には特異点をもたないので，コーシーの留数定理から

$$I = \oint_C e^{sx} s^{-(a+1)} \, ds = 0.$$

$x > 0$ のとき $x < 0$ のとき

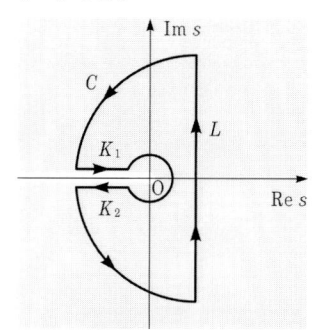

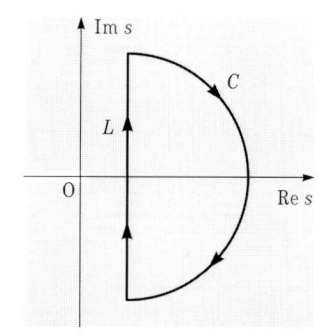

一方，半円周上の積分は $a + 1 > 0$ のとき 半径 $\to \infty$ の極限でゼロに近づくので（§6参照），$a > -1$ とすると，

$$I = I_K + I_L + I_\varepsilon = 0$$

となる．ここで I_K は切断の部分の寄与である．原点近くの小さな円周上（$s = \varepsilon e^{i\theta}$）の積分を I_ε とする．I_ε を $-1 < a < 0$ のときについて評価する．

$$I_\varepsilon = \int_\pi^{-\pi} e^{\varepsilon x e^{i\theta}} \frac{e^{-i\theta(a+1)}}{\varepsilon^{a+1}} \varepsilon i e^{i\theta} \, d\theta = -i \int_{-\pi}^\pi e^{\varepsilon x e^{i\theta}} \frac{e^{-i\theta a}}{\varepsilon^a} \, d\theta$$

となるから，$\varepsilon \to 0$ の極限では

$$|I_\varepsilon| < \frac{1}{\varepsilon^a} \int_{-\pi}^\pi e^{\varepsilon x \cos\theta} \, d\theta \sim \frac{\text{定数}}{\varepsilon^a}$$

となり，$-1 < a < 0$ のときは $\varepsilon \to 0$ とともに $I_\varepsilon \to 0$ となる．したがって $I_L = -I_K$ となるから，I_L を求めるには I_K を求めればよい．I_K は

$$I_K = \int_{K_1} e^{sx} s^{-(a+1)} \, ds + \int_{K_2} e^{sx} s^{-(a+1)} \, ds.$$

K_1 上で $s = e^{i\pi} t$ ($t =$ 正実数)，K_2 上で $s = e^{-i\pi} t$ ($t =$ 正実数) と書けるから，

$$I_K = \int_\infty^0 e^{-tx} e^{-i(a+1)\pi} t^{-(a+1)} e^{i\pi} dt + \int_0^\infty e^{-tx} e^{i(a+1)\pi} t^{-(a+1)} e^{-i\pi} dt$$

$$= -e^{-i\pi a} \int_0^\infty e^{-tx} t^{-(a+1)} dt + e^{i\pi a} \int_0^\infty e^{-tx} t^{-(a+1)} dt$$

$$= 2i \sin \pi a \int_0^\infty e^{-tx} t^{-(a+1)} dt$$

$$= 2i \sin \pi a \, x^a \int_0^\infty e^{-y} y^{-(a+1)} dy \qquad (tx = y)$$

$$= 2i \sin \pi a \, x^a \, \Gamma(-a) = -2\pi i \frac{x^a}{\Gamma(a+1)}$$

となる.なぜなら

$$\sin \pi a \, \Gamma(-a) = \frac{\sin \pi a \, \Gamma(1-a)}{-a} = \frac{1}{-a} \frac{\pi}{\Gamma(a)} = -\frac{\pi}{\Gamma(a+1)}.$$

ここで $\Gamma(z+1) = z\Gamma(z)$, $\Gamma(z)\Gamma(1-z) = \pi/\sin \pi z$ などのガンマ関数についての性質を用いた(森口,宇田川,一松:「数学公式III」(岩波書店)参照).

よって

$$I_K = -2\pi i \frac{x^a}{\Gamma(a+1)}$$

となり

$$I_L = -I_K = 2\pi i \frac{x^a}{\Gamma(a+1)}$$

となる.これにより

$$s^{-(a+1)} \text{の逆変換} = \frac{1}{2\pi i} I_L = \frac{x^a}{\Gamma(a+1)}$$

が得られた.したがって,次の対応関係が示される:

$$\frac{x^a}{\Gamma(a+1)} \leftrightarrow \frac{1}{s^{a+1}} \qquad \text{すなわち} \qquad x^a \leftrightarrow \frac{\Gamma(a+1)}{s^{a+1}}.$$

(2) $x < 0$ のとき:右半円周上の積分は(半径 $\to \infty$ で)ゼロに近づくので

$$I_L = I_C \qquad (C = \text{図の閉曲線})$$

となる.この閉曲線内には特異点はないので $I_C = 0$.したがって $I_L = 0$ となる.

以上 (1),(2) より $x > 0$, $x < 0$ の場合について

$$\frac{1}{2\pi i} \int_L e^{sx} \frac{\Gamma(a+1)}{s^{a+1}} ds = \begin{cases} x^a & (x > 0), \\ 0 & (x < 0) \end{cases}$$

が示された. ◇

§12. ラプラス変換

例題 12.5 ガウス積分を応用して，$\Gamma\left(\dfrac{1}{2}\right) = \sqrt{\pi}$ を示せ．

[解] $$\Gamma\left(\dfrac{1}{2}\right) = \int_0^\infty e^{-t} t^{-\frac{1}{2}} dt .$$

$t = u^2$ と置き換えると $dt = 2u\, du$ だから，$t^{-\frac{1}{2}} dt = 2\, du$ となり，

$$\Gamma\left(\dfrac{1}{2}\right) = 2\int_0^\infty e^{-u^2} du = \int_{-\infty}^\infty e^{-u^2} du = \sqrt{\pi}$$

を得る．最後の結果はガウス積分 (p.59) である．　◇

練習問題 12

1. 次の関数 $f(x)$ をラプラス変換せよ．すべて $x < 0$ では $f(x) = 0$ とする．
 (1) $f(x) = 1$
 (2) $f(x) = x$
 (3) $f(x) = x^2$
 (4) $f(x) = x^n$
 (5) $f(x) = e^{ikx}$
 (6) $f(x) = e^{-ikx}$
 (7) $f(x) = \cos kx$
 (8) $f(x) = \sin kx$
 (9) $f(x) = \cosh kx$
 (10) $f(x) = \sinh kx$

2. 前問で得た $F(s)$ が与えられたとして，ラプラス逆変換を行え．

3. $f(x) = \dfrac{1}{\sqrt{x}}$ のラプラス変換を求めよ．

§13. ラプラス変換を応用するために

微分と積分のラプラス変換

微分のラプラス変換　ラプラス変換の有用性は，常微分方程式を解くときに現れる．もとの関数のまま扱うより，ラプラス変換をしたものを扱う方がはるかに簡単になる場合があるからである．ラプラス変換をすると微分方程式の代わりに代数方程式が得られる．代数方程式はすぐに解けるので，その解をラプラス逆変換でもとの変数に戻すと，もとの常微分方程式の解が得られる．もとの問題が，減衰振動のように ある初期条件を与えてその後の解の形が指数関数的に減少する場合はラプラス変換を利用することが非常に有利である．このために，ある関数 $f(x)$ の微分 $df(x)/dx$ をラプラス変換するとどうなるかを知る必要がある．関数 $f(x)$ のラプラス変換を

$$(13.1) \quad F(s) = \mathscr{L}[f] = \int_0^\infty e^{-sx} f(x)\, dx$$

と書くことにする．$df(x)/dx$ のラプラス変換は

$$(13.2) \quad \int_0^\infty e^{-sx} \frac{df}{dx} dx = \left[e^{-sx} f(x) \right]_0^\infty - (-s) \int_0^\infty e^{-sx} f(x)\, dx$$
$$= -f(0) + s\mathscr{L}[f] = -f(0) + sF(s).$$

ここで $\mathrm{Re}\, s > 0$ とした（これによって $e^{-sx} f(x)|_{x=\infty} = 0$）．したがって

$$(13.3) \quad \mathscr{L}\left[\frac{df}{dx}\right] = s\mathscr{L}[f] - f(0)$$

が得られた．次に，この結果において f を $df(x)/dx$ で置き換えると

$$(13.4) \quad \mathscr{L}\left[\frac{d^2 f}{dx^2}\right] = s\mathscr{L}\left[\frac{df}{dx}\right] - \frac{df}{dx}\bigg|_{x=0} = s\{s\mathscr{L}[f] - f(0)\} - \frac{df}{dx}\bigg|_{x=0}.$$

したがって，次のように与えられる：

$$(13.5) \quad \mathscr{L}\left[\frac{d^2 f}{dx^2}\right] = s^2 \mathscr{L}[f] - sf(0) - \frac{df}{dx}\bigg|_{x=0}.$$

積分のラプラス変換　　積分 $\int_0^x f(x')\,dx'$ のラプラス変換は

(13.6) $\qquad \mathscr{L}\left[\int_0^x f(x')\,dx'\right] = \int_0^\infty \left\{\int_0^x e^{-sx} f(x')\,dx'\right\} dx$

と書ける．これは2変数の被積分関数 $g(x,x') = e^{-sx} f(x')$ を図 (a) のような領域で累次積分する問題である．(13.6) ではまず x' について 0 から x まで積分して，その x を 0 から ∞ まで積分しているが，図 (b) のように積分の順序を変えて まず x について x' から ∞ まで積分して，そのあとで x' について 0 から ∞ まで積分したものと一致するので

(13.7) $\qquad (13.6) = \int_0^\infty f(x')\left\{\int_{x'}^\infty e^{-sx}\,dx\right\} dx'$

$\qquad\qquad = \int_0^\infty f(x')\left[-\dfrac{e^{-sx}}{s}\right]_{x'}^\infty dx' = \dfrac{1}{s}\int_0^\infty f(x') e^{-sx'}\,dx' = \dfrac{1}{s}\mathscr{L}[f].$

したがって，次のように与えられる：

(13.8) $\qquad\qquad \mathscr{L}\left[\int_0^x f(x')\,dx'\right] = \dfrac{1}{s}\mathscr{L}[f]$

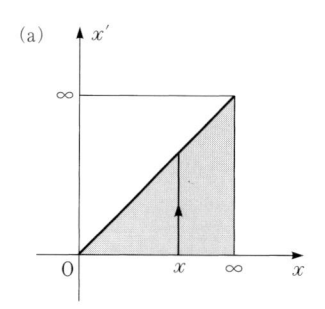

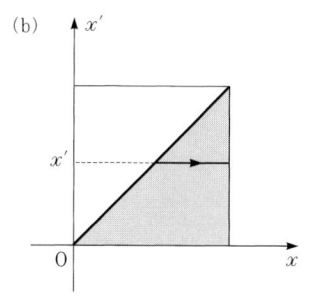

《参考》　(13.8) は次のようにしても求められる．$g(x) = \int_0^x f(x')\,dx'$ として

$$\mathscr{L}[f] = \mathscr{L}\left[\dfrac{dg}{dx}\right] = s\,\mathscr{L}[g] - g(0) = s\,\mathscr{L}[g].$$

$$\therefore\quad \mathscr{L}[g] = \dfrac{1}{s}\mathscr{L}[f].$$

最後のところで $g(0) = 0$ $\left(\because g(0) = \int_0^0 f(x')\,dx' = 0\right)$ を用いた．　　◇

たたみこみ

2つの関数 $f_1(x), f_2(x)$ があるとき[1]

(13.9) $$g(x) = \int_0^x f_1(x-x') f_2(x') \, dx'$$

を f_1 と f_2 の**たたみこみ**と呼び，$f_1 * f_2$ で表すことを §6 で述べた．ここではたたみこみのラプラス変換を考える．$g(x)$ のラプラス変換

(13.10)
$$\mathcal{L}[g] = \int_0^\infty e^{-sx} g(x) \, dx = \int_0^\infty e^{-sx} \int_0^x f_1(x-x') f_2(x') \, dx' \, dx$$
$$= \int_0^\infty \left\{ \int_0^x e^{-sx} f_1(x-x') f_2(x') \, dx' \right\} dx$$
$$= \int_0^\infty \left\{ \int_{x'}^\infty e^{-sx} f_1(x-x') f_2(x') \, dx \right\} dx'.$$

変数を x から y に変数変換する：$x - x' = y \,(>0)\,(\because x > x')$．このとき $dx = dy$，$e^{-sx} = e^{-s(y+x')}$ だから (13.10) は

(13.11) $$\mathcal{L}[g] = \int_0^\infty e^{-sx'} f_2(x') \, dx' \int_0^\infty e^{-sy} f_1(y) \, dy = \mathcal{L}[f_2] \mathcal{L}[f_1]$$

となる．$G(s) = \mathcal{L}[g]$，$F_1(s) = \mathcal{L}[f_1]$，$F_2(s) = \mathcal{L}[f_2]$ と書くと，

(13.12) $$G(s) = F_1(s) F_2(s)$$

となり，「たたみこみ $g = f_1 * f_2$ のラプラス変換 G は，f_1, f_2 のラプラス変換 F_1, F_2 の単なる積 $G = F_1 F_2$ に等しい」ことがわかる．

$f_1(x), f_2(x)$ のラプラス変換 $\mathcal{L}[f_1], \mathcal{L}[f_2]$ を $F_1(s), F_2(s)$ と書くとき，ラプラス変換 $G(s)$ が単なる積 $F_1(s) F_2(s)$ となるようなもとの関数 $g(x)$ は $f_1(x)$ と $f_2(x)$ のたたみこみであることがわかったので，$g(x)$ を $G(s)$ の逆変換という意味で $g = \mathcal{L}^{-1}[G]$ と書くと，

$$\begin{cases} f_1(x) \to \mathcal{L}[f_1] = F_1(s), \quad f_2(x) \to \mathcal{L}[f_2] = F_2(s), \\ g(x) = \mathcal{L}^{-1}[G] \leftarrow G(s) = F_1(s) F_2(s). \end{cases}$$

---

[1] たたみこみのラプラス変換を考えるため，$f_1(x) = 0$，$f_2(x) = 0$（$x < 0$）を満たしているとする．§6 のたたみこみの定義により (13.9) が得られる．

ここで

$$g(x) = \int_0^x f_1(x-x')f_2(x')\,dx' = f_1 * f_2 = \mathcal{L}^{-1}[F_1] * \mathcal{L}^{-1}[F_2]$$

だから，

(13.13) $\quad \mathcal{L}^{-1}[F_1 F_2] = \mathcal{L}^{-1}[F_1] * \mathcal{L}^{-1}[F_2]$

が得られる．すなわち，「積の逆変換は，逆変換のたたみこみである」．

例題 13.1 $\mathcal{L}[f] = \dfrac{1}{(s-a)(s-b)}$ になるような $f(x)$ を求めよ．

[解] たたみこみにより，$\mathcal{L}[f_1] = \dfrac{1}{s-a}$, $\mathcal{L}[f_2] = \dfrac{1}{s-b}$ となるような $f_1(x), f_2(x)$ を考えると，$\mathcal{L}[f] = \mathcal{L}[f_1]\mathcal{L}[f_2]$ であるから，$f(x)$ は f_1 と f_2 のたたみこみ $f = f_1 * f_2$ により与えられる．したがって，

$$f(x) = \int_0^x f_1(x-x')f_2(x')\,dx' = \int_0^x e^{a(x-x')}e^{bx'}\,dx' = e^{ax}\int_0^x e^{(b-a)x'}\,dx'$$

$$= \left[e^{ax}\frac{1}{b-a}e^{(b-a)x'}\right]_0^x = \frac{e^{ax}}{b-a}\{e^{(b-a)x}-1\} = \frac{1}{b-a}(e^{bx}-e^{ax})$$

となる．◇

練習問題 13

1. 微分方程式 $\dfrac{df}{dx} = -af(x)$ をラプラス変換を用いて解け．

2.
$$\frac{d^2 f(x)}{dx^2} = -\omega^2 f(x) - 2\gamma \frac{df(x)}{dx}$$

をラプラス変換せよ．それにより $\mathcal{L}[f]$ を求めよ．

3. 次をラプラス変換を用いた方法で示せ．
 （1） $f_1 * f_2 = f_2 * f_1$ 　　　　　　　（交換則）
 （2） $f_1 * (f_2 * f_3) = (f_1 * f_2) * f_3$ 　　（結合則）

4. $f(x) = \dfrac{1}{b-a}(e^{bx} - e^{ax})$ から $\mathcal{L}[f]$ を求めよ．

§ 14. ラプラス変換による常微分方程式の解

常微分方程式のラプラス変換

ラプラス変換を用いて 2 階の定係数線形常微分方程式

(14.1) $$\ddot{f}(t) + \alpha f(t) + \beta \dot{f}(t) = 0$$

を解くことを考える．ここで $\ddot{f}(t) = d^2f/dt^2$, $\dot{f}(t) = df/dt$ である．$\alpha > 0, \beta \geq 0$ とする．

特に，$\beta = 0$ のときは $\alpha = \omega_0^2 > 0$ とすると，

(14.2) $$\ddot{f}(t) = -\omega_0^2 f(t)$$

となる．(14.2) の 2 階微分方程式は物理の最も基本的問題であるバネによる質点の単振動を与えるニュートンの運動方程式である．t は時刻を表し $f(t)$ は時刻 t における質点の位置(変位)を表す．$\ddot{f}(t)$ は加速度を表す．

物理的な意味を考えながら (14.1) の解法を求める．さて，抵抗(＝摩擦) R がある場合，バネにとりつけられた質量 m をもつ質点のニュートンの運動方程式は

$$m\frac{d^2 x(t)}{dt^2} = -k x(t) - R\frac{d x(t)}{dt}$$

と与えられる．ここで $x(t) =$ 時刻 t での変位；$k =$ バネ定数 を表す．$x(t) \to f(t)$ と変数を書き換え，両辺を m で割ると

$$\frac{d^2 f}{dt^2} = -\frac{k}{m}f(t) - \frac{R}{m}\frac{df}{dt}$$

となって，$\alpha = \dfrac{k}{m}$, $\beta = \dfrac{R}{m}$ としたときの (14.1) を与える．ここで，抵抗がないとき ($R = 0$) が (14.2) の場合であり，その解は

(14.3) $$f(t) = A \cos \omega_0 t + B \sin \omega_0 t \qquad (A, B \text{ は任意定数})$$

と与えられることは既に知っていることと思う．

§14. ラプラス変換による常微分方程式の解

(14.1) の場合はこのバネの力以外に抵抗を表す項 $-\beta\dot{f}(t)$ が (14.2) の右辺に加わった場合である．$\dot{f}(t)$ は速度を表し抵抗の大きさは速度に比例する大きさをもつことを表している．物理的には抵抗があると，最初 ($t=0$) に振動をしていても，抵抗によって振動の強さ (= 振幅) は時間が経つとともに減衰していく．減衰は e^{-bt} と表される．(b はこれから求める)．(14.1) を解いて実際そのような解が得られるかどうかを調べる．

$f(t)$ のラプラス変換を $F(s) = \mathcal{L}[f]$ で表すと，(14.1) のラプラス変換は

(14.4) $\qquad s^2 F(s) - sf(0) - \dot{f}(0) + \alpha F(s) + \beta\{sF(s) - f(0)\} = 0$

となるので

(14.5) $\qquad (s^2 + \beta s + \alpha)F(s) = (s + \beta)f(0) + \dot{f}(0)$

となる．このように，ラプラス変換をしたときは，もとの f についての微分方程式は $F(s)$ についての代数方程式になる．$F(s)$ はすぐに解けて

(14.6) $\qquad F(s) = \dfrac{(s + \beta)f(0) + \dot{f}(0)}{s^2 + \beta s + \alpha}.$

(1) $\beta^2 < 4\alpha$ のとき (抵抗が弱いとき)：

$$s^2 + \beta s + \alpha = \left(s + \frac{\beta}{2}\right)^2 + \left(\alpha - \frac{\beta^2}{4}\right)$$

と書ける．$\omega^2 = \alpha - \dfrac{\beta^2}{4} > 0$ とおけば，(14.6) は，

(14.7) $\qquad F(s) = \dfrac{\left(s + \dfrac{\beta}{2}\right)f(0) + \dfrac{\beta}{2}f(0) + \dot{f}(0)}{\left(s + \dfrac{\beta}{2}\right)^2 + \omega^2}$

となる．この式のラプラス逆変換は §12 の表 12.1 を用いて

(14.8) $\qquad f(t) = f(0)e^{-\frac{\beta}{2}t}\cos\omega t + \left(\dfrac{\beta}{2}f(0) + \dot{f}(0)\right)\dfrac{1}{\omega}e^{-\frac{\beta}{2}t}\sin\omega t$

となる．これは e^{-bt} の b が $\dfrac{\beta}{2}$ であることを表し，$t > 0$ における減衰振動を表す．$\cos\omega t$, $\sin\omega t$ は周期的振動を表す．

（2） $\beta^2 > 4\alpha > 0$ のとき（抵抗が強いとき）：

(14.9) $\quad s^2 + \beta s + \alpha = \left(s + \dfrac{\beta}{2}\right)^2 - \left(\dfrac{\beta^2}{4} - \alpha\right) = \left(s + \dfrac{\beta}{2}\right)^2 - \kappa^2$

と書ける．ここで $\kappa = \sqrt{\dfrac{\beta^2}{4} - \alpha}$ とおいた．このとき (14.6) は

(14.10) $\quad F(s) = \dfrac{\left(s + \dfrac{\beta}{2}\right)f(0) + \dfrac{\beta}{2}f(0) + \dot{f}(0)}{\left(s + \dfrac{\beta}{2}\right)^2 - \kappa^2}$

となり，この式を表 12.1 によりラプラス逆変換すると

(14.11) $\quad f(t) = f(0) e^{-\frac{\beta}{2}t} \cosh \kappa t + \left(\dfrac{\beta}{2} f(0) + \dot{f}(0)\right) \dfrac{e^{-\frac{\beta}{2}t}}{\kappa} \sinh \kappa t$

$\qquad\qquad = e^{-\frac{\beta}{2}t} \{A\, e^{\kappa t} + B\, e^{-\kappa t}\}$

が得られる．A, B は $f(0), \dot{f}(0)$ などできまる定数である．$\beta/2 > \kappa$ なので，(14.11) は 2 つの減衰項の重ね合せである．$t \to$ 大 では (14.11) において $A e^{-(\frac{\beta}{2} - \kappa)t}$ がいきのこり，$B e^{-(\frac{\beta}{2} + \kappa)t}$ は早く減衰する．

（3） $\beta^2 = 4\alpha$ のとき（抵抗の強さが (1) と (2) の境界にあるとき）：
$s^2 + \beta s + \alpha = \left(s + \dfrac{\beta}{2}\right)^2$ となって完全平方の形をしている．(14.6) は

(14.12) $\quad F(s) = \dfrac{\left(s + \dfrac{\beta}{2}\right)f(0) + \dfrac{\beta}{2}f(0) + \dot{f}(0)}{\left(s + \dfrac{\beta}{2}\right)^2}$

となり，この式をラプラス逆変換すると

(14.13) $\quad f(t) = f(0) e^{-\frac{\beta}{2}t} + \left(\dfrac{\beta}{2} f(0) + \dot{f}(0)\right) e^{-\frac{\beta}{2}t} t$

$\qquad\qquad = e^{-\frac{\beta}{2}t}(C + Dt) = e^{-\omega_0 t}(C + Dt)$

が得られる．この場合は物理では臨界減衰であるといわれる．$\alpha = \omega_0{}^2$ を一定にして，抵抗 β を変える問題を考えると，(1), (2), (3) の中で (3) の場合，すなわち $\beta = 4\alpha$ となるときがもっとも早く減衰するからである．

いろいろな例

例題 14.1 抵抗 R, コイル L, コンデンサー C を含む下の図の電気回路を $t=0$ で SW(スイッチ)を ON にしたとき,回路に流れる電流を求めよ.R, L, C は正の定数.$4L/C > R^2$ とする.

[解] スイッチ SW と電池による時刻 t における起電力を $E(t)$ とする.SW を ON にすると,電池による起電力が回路に働く.これを式で表すと

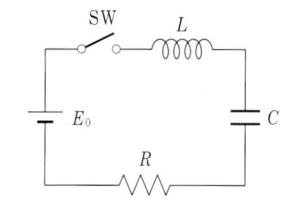

$$E(t) = \begin{cases} E_0 & (t>0), \\ 0 & (t<0). \end{cases} \quad \text{①}$$

この起電力 $E(t)$ が L, C, R からなる回路に加わると,時刻 t において電流 $I(t)$ が回路に流れる.これは RLC 回路と呼ばれるもので,次の微分方程式が成り立つ(詳しくは電磁気学のテキストを参照せよ):

$$E(t) - L\frac{dI(t)}{dt} = RI(t) + \frac{Q(t)}{C}. \quad \text{②}$$

$Q(t)$ はコンデンサーに蓄えられる電荷で,$I(t) = dQ(t)/dt$ の関係があり,

$$Q(t) = \int_0^t I(t')\,dt' + Q_0 \quad \text{③}$$

と与えられる(Q_0 は $t=0$ に既に存在していた電荷).①,②,③ から,② のラプラス変換は(§12 の表 12.1 を利用して),$\tilde{I}(s) \equiv \mathcal{L}[I]$ と表すと

$$(14.14) \quad \frac{E_0}{s} - L\{s\tilde{I}(s) - I(0)\} = R\tilde{I}(s) + \frac{1}{Cs}\{\tilde{I}(s) + Q_0\}$$

となる.$I(0)$ は電流の初期値である.上の式は未知関数 $\tilde{I}(s)$ ($=\mathcal{L}[I] = I(t)$ のラプラス変換)についての代数式だから直ちに解けて,次のように書ける:

$$\tilde{I}(s) = \frac{\frac{1}{L}\left(E_0 - \frac{Q_0}{C}\right) + sI(0)}{s^2 + \frac{R}{L}s + \frac{1}{LC}}.$$

式を扱いやすくするため,分母を次のように書き直す:

$$s^2 + \frac{R}{L}s + \frac{1}{LC} = (s+a)^2 + b^2.$$

ここで $a = \dfrac{R}{2L}$, $b^2 = \dfrac{1}{LC} - \dfrac{R^2}{4L^2}$ とおいた．求めた $\tilde{I}(s)$ をラプラス逆変換すると，表 12.1 から

$$I(t) = \dfrac{1}{L}\left(E_0 - \dfrac{Q_0}{C} - \dfrac{1}{2}R\,I(0)\right)\dfrac{1}{b}\,e^{-at}\sin bt + I(0)\,e^{-at}\cos bt．$$

特に抵抗がないとき ($R=0$) は，$a=0$, $b=\sqrt{1/LC}$ だから $I(0)=0$ とすると

$$I(t) = \dfrac{E_0 - \dfrac{Q_0}{C}}{L}\sqrt{LC}\,\sin\sqrt{\dfrac{1}{LC}}\,t$$

となって，減衰なしの振動を表す．$R=0$ すなわちコイル（インダクタンス $=L$）とコンデンサー（電気容量 $=C$）のみからなる回路を LC 回路といい，上の式からわかるように，L, C により決められる固有振動数 $\omega_0 = \sqrt{1/LC}$ で振動する電流を与える．　◇

《参考》　上の式②において，$Q(t) \to x(t)$ （バネの変位），$L \to m$ （質量），$1/C \to k$ （バネ定数），$E(t) \to F_e(t)$ （外力）とすると，$I(t) = dQ/dt$, $dI/dt = d^2Q/dt^2$ によって，

$$m\dfrac{d^2 x(t)}{dt^2} = -k\,x(t) - R\dfrac{d\,x(t)}{dt} + F_e(t)$$

と書き換えらえ，外力 $F_e(t)$ と抵抗（摩擦）$-R(d\,x(t)/dt)$ がある場合のバネの振動に対するニュートンの運動方程式となる．　◇

例題 14.2　（自由落下）　質量 m の質点が重力加速度 g のもとで自由落下するとして，ラプラス変換を用いて，速度 $v(t)$ を求めよ．

[解]　この場合の運動方程式は $m\ddot{x}(t) = -mg$ だから $v(t) = \dot{x}(t)$ として，

$$\dot{v}(t) = -g．$$

この式のラプラス変換は $s\,\bar{v}(s) - v(0) = -\dfrac{g}{s}$ となる．したがって

$$\tilde{v}(s) = \dfrac{v(0)}{s} - \dfrac{g}{s^2}．$$

逆変換は表 12.1 を用いて

$$v(t) = v(0) - gt．$$

$v(t) - v(0)$ は t に比例して変化する．　◇

例題 14.3 （雨滴の落下） 重力のもとで落下する雨滴の運動は，空気の粘性によって速度に比例する摩擦力 $-R\dot{x}(t)$ が働く．地上から上方 $x(t)$ の位置にある雨滴は次のニュートンの運動方程式を満たす（雨滴の質量を m，重力加速度を g とする）：
$$m\ddot{x}(t) = -R\dot{x}(t) - mg.$$
速度を $\dot{x}(t) = v(t)$ と書くと

(14.15) $$\dot{v}(t) = -\frac{R}{m}v(t) - g$$

となる．$v(t)$ についての方程式を $t > 0$ においてラプラス変換を用いて解け．

[解] (14.15) の両辺のラプラス変換は，$v(t)$ のラプラス変換を $\tilde{v}(s)$ と書くと
$$s\tilde{v}(s) - v(0) = -\frac{R}{m}\tilde{v}(s) - \frac{g}{s}$$
となる．したがって
$$\tilde{v}(s) = \frac{v(0)}{s + \frac{R}{m}} - \frac{g}{s\left(s + \frac{R}{m}\right)}$$
$$= \frac{v(0)}{s + \frac{R}{m}} - \frac{mg}{R}\left[\frac{1}{s} - \frac{1}{s + \frac{R}{m}}\right]$$
$$= \frac{v(0) + \frac{mg}{R}}{s + \frac{R}{m}} - \frac{mg}{R}\frac{1}{s}.$$

$\tilde{v}(s)$ の逆変換は表 12.1 を用いて
$$v(t) = \left(v(0) + \frac{mg}{R}\right)e^{-\frac{R}{m}t} - \frac{mg}{R}.$$

上の式から，$t \to$ 大 とともに速度 $v(t)$ は一定値 $-\frac{mg}{R}$ に近づく．空気抵抗によって自由落下とは全く違った結果が得られた． ◇

例題 14.4 （強制振動） 例題 14.1 と同じ回路で，外部から回路に加えられる交流起電力 $E(t)$ が次のように与えられている：

(14.16) $$E(t) = \begin{cases} E_0 \sin \omega t & (t > 0), \\ 0 & (t < 0). \end{cases}$$

流れる電流 $I(t)$ を求めよ．ただし $I(0) \neq 0$，$4L/C > R^2$ とする．

[解] $E(t)$ のラプラス変換は表 12.1 から $\dfrac{E_0 \omega}{s^2 + \omega^2}$．よって (14.14) から

$$\frac{E_0 \omega}{s^2 + \omega^2} = R\,\tilde{I}(s) + L\{s\,\tilde{I}(s) - I(0)\} + \frac{1}{Cs}\{\tilde{I}(s) + Q_0\}$$

であり

$$\tilde{I}(s) = \frac{E_0 \omega}{L} \frac{s}{s^2 + \omega^2} \frac{1}{(s+a)^2 + b^2} + I(0) \frac{s+a}{(s+a)^2 + b^2}$$
$$- \left(\frac{Q_0}{CL} + a I(0)\right) \frac{1}{(s+a)^2 + b^2} \quad \text{①}$$

と代数式が解ける．ここで $a = R/2L$，$b^2 = (1/LC) - (R^2/4L^2) = \omega_0^2 - a^2$ とおいた．ラプラス逆変換により，

$$\frac{s+a}{(s+a)^2 + b^2} \to e^{-at} \cos bt, \qquad \frac{b}{(s+a)^2 + b^2} \to e^{-at} \sin bt,$$

$$\frac{s}{s^2 + \omega^2} \frac{b}{(s+a)^2 + b^2} \to \cos \omega t \text{ と } e^{-at} \sin bt \text{ の「たたみこみ」}$$

である．まず「たたみこみ」の項を求める．

$$(*) \quad \mathcal{L}^{-1}\left[\frac{s}{s^2 + \omega^2}\right] * \mathcal{L}^{-1}\left[\frac{b}{(s+a)^2 + b^2}\right] = \int_0^t \cos \omega(t - t')\, e^{-at'} \sin bt'\, dt'$$

$$= \frac{b}{(\omega_0^2 - \omega^2)^2 + 4a^2 \omega^2}\{(\omega_0^2 - \omega^2) \cos \omega t + 2a\omega \sin \omega t\} + \text{減衰項}$$

$$= \frac{b}{\sqrt{(\omega_0^2 - \omega^2)^2 + 4a^2 \omega^2}}\{\cos \phi \cos \omega t - \sin \phi \sin \omega t\} + \text{減衰項}.$$

ここで，

$$\omega_0^2 = a^2 + b^2, \quad \cos \phi \equiv \frac{\omega_0^2 - \omega^2}{\sqrt{(\omega_0^2 - \omega^2)^2 + 4a^2 \omega^2}}, \quad \sin \phi \equiv -\frac{2a\omega}{\sqrt{(\omega_0^2 - \omega^2)^2 + 4a^2 \omega^2}}$$

とおいた．(*)の右辺第1項(減衰項以外の項)は $t \to \infty$ とともに減衰しないで，外からの起電力によって振動し続ける項で

§14. ラプラス変換による常微分方程式の解

$$\frac{b}{\sqrt{(\omega_0{}^2-\omega^2)^2+4a^2\omega^2}}\cos(\omega t+\phi)$$

と書ける．たたみこみ から減衰項は具体的には次のようになる：

$$(**)\qquad -\frac{\{b(\omega_0{}^2-\omega^2)\cos bt+a(\omega_0{}^2+\omega^2)\sin bt\}e^{-at}}{(\omega_0{}^2-\omega^2)^2+4a^2\omega^2}.$$

§12の表12.1を見ると，①の $\tilde{I}(s)$ の第2項，第3項もそれぞれ $e^{-at}\cos bt$, $e^{-at}\sin bt$ に比例するから，これらもまとめて $\tilde{I}(s)$ のラプラス逆変換は

$$I(t)=\frac{E_0\omega}{L}\frac{1}{\sqrt{(\omega_0{}^2-\omega^2)^2+4a^2\omega^2}}\cos(\omega t+\phi)+e^{-at}(A\cos\omega t+B\sin\omega t)$$

となる．ただし，A, B は任意定数である．◇

《参考》 上の式の第1項は ω_0, a を一定にして交流起電力の振動数 ω を変化させたとき，ある振動数 $\omega=\omega_R$ のところで，非常に大きな振幅となることを示す．これは回路のもっている固有振動数 ω_0 と関連して外部から与える強制振動の振動数を ω_R という値に近づけると回路が共振を起こすことを表し，**共鳴**と呼ばれる．$E(t)$ を (14.16) と選んだときの方程式（例題14.1の②）は振動子に対するニュートンの運動方程式でも同じ形をしている．建造物（ビルディング，鉄橋など）に外力として地震とか台風による振動が加わったときのその外力の振動数 ω が建造物の共鳴振動数 ω_R と $\omega=\omega_R$ の関係にあるとき，非常に大きな振幅が実現して，大きな破壊をもたらす可能性があることを意味する．◇

練 習 問 題 14

1. $\dfrac{s}{s^2+\omega^2}\dfrac{b}{(s+a)^2+b^2}$ を部分分数に展開し，たたみこみ によらないで直接ラプラス逆変換して，例題14.4 の (*), (**) を示せ．

2. $Q(t)=\displaystyle\int_0^t I(t')\,dt'$

$$=\frac{E_0}{L}\frac{1}{\sqrt{(\omega_0{}^2-\omega^2)^2+4a^2\omega^2}}\{\sin(\omega t+\phi)-\sin\phi\}+減衰項$$

の右辺第1項の振幅を最大にする振動数 $\omega=\omega_R$ は $\omega_R{}^2=\omega_0{}^2-2a^2$ となることを示せ．

補　　足

補足 A　ギブスの現象

　不連続点を含む関数をフーリエ展開したとき，得られたフーリエ級数からもとの不連続関数が再現されるかという問題を考える．フーリエ級数に入っているのは $\cos nx$, $\sin nx$ などの連続関数だから不連続点の近くで問題が生じる．ギブスが見つけたのは[1]，このフーリエ級数は不連続点の近くでは「行き過ぎ」を起こし，もとの値より約 1.179 倍の値をもつ「とげ」状のピークを引き起こすことである．これを**ギブスの現象**という．

　具体例で見た方がよくわかるので次の不連続関数のフーリエ展開を考えてみよう．

$$\text{(A.1)} \qquad f(x) = \begin{cases} -1 & (-\pi \leq x < 0), \\ 1 & (0 \leq x < \pi). \end{cases}$$

$f(x)$ は周期 2π をもつ ($f(x+2\pi) = f(x)$) とする．この関数は $x = n\pi$ ($n =$ 整数) で不連続となる．$f(x)$ は奇関数だから

$$\text{(A.2)} \qquad f(x) = \sum_{n=1}^{\infty} b_n \sin nx$$

と展開できる．フーリエ係数 b_n は

$$\text{(A.3)} \qquad b_n = \frac{1}{\pi} \int_{-\pi}^{\pi} f(x) \sin nx \, dx = \frac{2}{\pi} \int_0^\pi \sin nx \, dx$$
$$= \frac{2}{\pi} \left[\frac{(-1)}{n} \cos nx \right]_0^\pi = \frac{2}{n\pi} \{1 - (-1)^n\}.$$

したがって，$n =$ 整数 に対して

$$\text{(A.4)} \qquad \begin{cases} b_{2n} = 0, \\ b_{2n-1} = \dfrac{4}{\pi(2n-1)} \end{cases}$$

---

[1]　ギブスは気体の分子運動論の基礎となる統計力学を発展させたアメリカの物理学者である．

となる．部分和

(A.5) $$S_N(x) = \frac{4}{\pi} \sum_{n=1}^{N} \frac{1}{2n-1} \sin(2n-1)x$$

において $N \to \infty$ とした $S(x) = S_\infty(x)$ がフーリエ級数であるが，$S_N(x)$ の具体形は次のように表せる：

(A.6) $$S_N(x) = \frac{4}{\pi}\left\{\sin x + \frac{\sin 3x}{3} + \frac{\sin 5x}{5} + \cdots + \frac{\sin(2N-1)x}{2N-1}\right\}$$

$$= \frac{4}{\pi} \sum_{n=1}^{N} \int_0^x \cos(2n-1)x'\, dx'$$

$$= \frac{4}{\pi} \int_0^x \sum_{n=1}^{N} \cos(2n-1)x'\, dx'$$

$$= \frac{4}{\pi} \int_0^x \frac{1}{2}\{(e^{ix'} + e^{-ix'}) + (e^{i3x'} + e^{-i3x'}) + \cdots$$
$$+ (e^{i(2N-1)x'} + e^{-i(2N-1)x'})\}\, dx'$$

$$= \frac{2}{\pi} \int_0^x \frac{\sin 2Nx'}{\sin x'}\, dx'.$$

ここで次の関係式を使った：

(A.7)
$$(e^{ix} + e^{-ix}) + (e^{i3x} + e^{-i3x}) + \cdots + (e^{i(2N-1)x} + e^{-i(2N-1)x}) = \frac{\sin 2Nx}{\sin x}.$$

ここで $2Nx' = t'$ とおくと $2N\, dx' = dt'$ だから，(A.6) は

(A.8) $$\int_0^{2Nx} \frac{\sin t'}{\sin(t'/2N)} \frac{dt'}{2N}.$$

$t = 2Nx =$ 有限 とすると，$N \to$ 大 で $\dfrac{t}{2N} \to 0$ だから $\sin \dfrac{t'}{2N} \sim \dfrac{t'}{2N}$ となり

(A.9) $$S_N(x) \sim \frac{2}{\pi} \int_0^{2Nx} \frac{\sin t'}{t'}\, dt'$$

となる．$S_N(x)$ のグラフは次のページの図に $N = 10, 30$ としたものを示す．

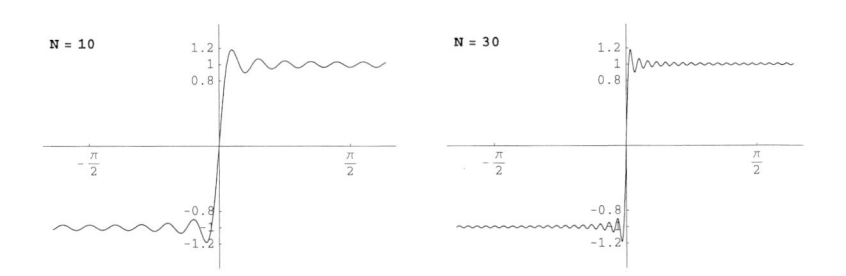

このように不連続点 $x = n\pi$（$n =$ 整数）の近くに「行き過ぎ」が見られる。例として $x = 0$ の近くで $S_N(x)$ の最初の極大点を与える x の値 x_1 と極大値 $S_N(x_1)$ を求める。$S_N(x)$ が極大をとる条件

$$\text{(A.10)} \quad \frac{d\,S_N(x)}{dx} = \frac{2}{\pi} \frac{\sin 2Nx}{\sin x} = 0$$

から，x_1 は

$$\text{(A.11)} \quad x_1 = \frac{\pi}{2N}$$

となる．このとき $S_N(x_1)$ の値は

$$\text{(A.12)} \quad S_N(x_1) \sim \frac{2}{\pi} \int_0^{\pi/2N} \frac{\sin 2Nx}{x}\, dx = \frac{2}{\pi} \int_0^{\pi} \frac{\sin t'}{t'}\, dt' \simeq 1.179$$

であることがわかる[2]．

このように，いま考えている例では $f(x)$ が $x = 0$ で $\Delta f = 2$ だけのとびをもっているが（不連続点における f のとびの大きさを Δf で表す），フーリエ級数 $S_N(x)$ は $N \to$ 大 で

$$\text{(A.13)} \quad \Delta S_N \sim \Delta f \times 1.179$$

だけの「とげ」つきのとびをもつ．$N \to \infty$ としてもこの極大値（とげ）は小さくならず，$\mathrm{Si}(\pi) \simeq 1.179$ のままで ただ極大を与える x の位置 $x_1 =$

---

2) $\mathrm{Si}(x) = \dfrac{2}{\pi} \displaystyle\int_0^x \dfrac{\sin t}{t}\, dt$ は「正弦積分」と呼ばれる量で，$\mathrm{Si}(\pi) = 1.1789797\cdots$ で与えられる（p.49 参照）．

$\pi/2N$ はかぎりなく 0 に近づくので、極大は幅がゼロのピークになる（前のページの図参照）。このような現象は不連続性をもつ関数のフーリエ展開では一般に存在し、「行き過ぎ」の値はもとの値の約 1.179 倍である。$x = a$ で不連続性をもつ関数 $f(x)$ の例を右の図に示す。$f(x)$ は不連続性を表す $\Delta f \cdot \theta(x-a)$ を差し引くと連続関数 $\overline{f}(x)$ となるので、

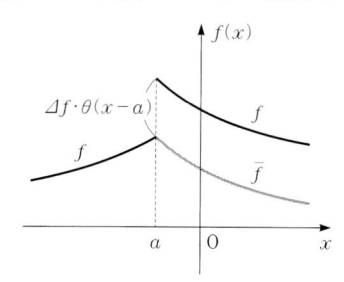

(A.14) $\qquad f(x) = \overline{f}(x) + \Delta f \cdot \theta(x-a)$

と書くことができる。ここで $\theta(x-a)$ は (1.12) の階段関数である。$\Delta f \cdot \theta(x-a)$ はフーリエ展開するとギッブスの現象を示すので、その結果、$f(x)$ もギッブスの現象を示す。

例 周期 2π の関数

(A.15) $\qquad\qquad f(x) = x \qquad (-\pi \leq x < \pi)$

を考える。この関数は $x = (2n-1)\pi$（n：整数）で不連続性 $\Delta f = 2\pi$ をもつ。フーリエ級数は

(A.16) $\qquad \begin{cases} S(x) = \lim_{N \to \infty} S_N(x), \\ S_N(x) = \sum_{n=1}^{N} \dfrac{2(-1)^{n-1}}{n} \sin nx \end{cases}$

である。$N \to$ 大 として $S_N(x)$ のグラフを書くと下の図のようにギッブスの現象が見られる（$N = 10$ とした）。◇

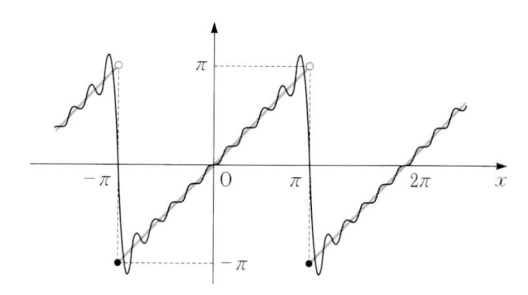

補足 B　ディリクレ核，ポアソン和則，周期的ガウス関数

§9 でガウス型関数のフーリエ変換を学んだ．これと**ディリクレ積分核**の関連を考えよう．ディリクレ積分核 $D_N(x)$ は次のように定義された（§5）：

(B.1) $$D_N(x) = \frac{1}{2\pi} \sum_{n=-N}^{N} e^{inx}.$$

31 ページで既に述べたことであるが，$D_N(x)$ は次の性質をもつ：

(ⅰ)　偶関数である，

(ⅱ)　周期 2π をもつ．

これは次のように書き直すことができる（練習問題 5, **2** 参照）：

(B.2) $$D_N(x) = \frac{1}{2\pi}\{e^{-iNx} + e^{-i(N-1)x} + \cdots + 1 + \cdots + e^{i(N-1)x} + e^{iNx}\}$$

$$= \frac{1}{2\pi} \frac{\sin\left(N+\frac{1}{2}\right)x}{\sin\frac{x}{2}}.$$

さらに

(B.3) $$\int_{-\pi}^{\pi} D_N(x)\, dx = 1,$$

(B.4) $$\int_{0}^{\pi} D_N(x)\, dx = \frac{1}{2}, \qquad \int_{-\pi}^{0} D_N(x)\, dx = \frac{1}{2}$$

の性質をもつ．(B.4) は (B.3) と，$D_N(x)$ が偶関数であることからわかる．$-\pi \leqq x < \pi$ において考えると，$D_N(x)$ は $N \to$ 大 では，$x=0$ に鋭いピーク $\left(\text{高さ} = \dfrac{N+1/2}{\pi}\right)$ をもつ．また $x = \dfrac{n\pi}{N+1/2}$（$n = \pm 1, \pm 2, \cdots, \pm N$）にゼロ点をもつ激しい振動関数である．$N \to$ 大 で激しく振動するが，$x = \pm\pi$ での $D_N(x)$ の値は $\dfrac{(-1)^N}{2\pi}$ であって，小さいわけではない．$N \to$ 大 で $x=0$ のピークの値は $D_N(0) = \dfrac{N+1/2}{\pi} \to$ 大 となり，$x \neq 0$ では $D_N(x)$ は $+, -$ の符号で激しい振動をし，$N \to \infty$ の極限で，デル

タ関数 $\delta(x)$ に近づく．すなわち,

(B.5) $$\int_{-\pi}^{\pi} \lim_{N\to\infty} D_N(x)\,dx = \lim_{N\to\infty} \int_{-\pi}^{\pi} D_N(x)\,dx = 1$$

が成り立つ．

さて，$D_N(x)$ は周期 2π の関数であるから，点 $x=0, \pm 2\pi, \pm 4\pi, \cdots$ などのすべての $x = 2\pi l$（$l =$ 整数）で同様のふるまいをし，すべての $x = 2\pi l$（$l =$ 整数）の近くで $\delta(x-2\pi l)$ に近づく．というのは $D_N(x)$ の $x = 2\pi l$（$l =$ 整数）の近くでの1周期にわたる積分は1である．なぜなら，$x = 2\pi l + y$ とおくと

(B.6) $$\lim_{N\to\infty}\int_{2\pi l-\pi}^{2\pi l+\pi} D_N(x)\,dx = \lim_{N\to\infty}\int_{-\pi}^{\pi} D_N(y+2\pi l)\,dy$$
$$= \lim_{N\to\infty}\int_{-\pi}^{\pi} D_N(y)\,dy = 1.$$

したがって，$\lim_{N\to\infty} D_N(x)$ を考えると，

(B.7) $$\frac{1}{2\pi}\sum_{n=-\infty}^{\infty} e^{inx} = \sum_{l=-\infty}^{\infty} \delta(x-2\pi l)$$

となり，$D_{N\to\infty}(x)$ は**周期的デルタ関数**と呼ぶことができる．(B.7) に任意の関数 $g(x)$ を掛けて x について無限区間で積分すると

(B.8) $$\frac{1}{2\pi}\sum_{n=-\infty}^{\infty}\int_{-\infty}^{\infty} g(x)\,e^{inx}\,dx = \sum_{l=-\infty}^{\infty} g(2\pi l)$$

が得られる．(B.7), (B.8) は**ポアソン和則**と呼ばれ，統計物理学などで有効性を発揮する．フーリエ変換

(B.9) $$g(x) = \frac{1}{2\pi}\int_{-\infty}^{\infty} \tilde{g}(k)\,e^{ikx}\,dx$$

の逆変換は

(B.10) $$\int_{-\infty}^{\infty} g(x)\,e^{-ikx}\,dx = \tilde{g}(k)$$

だから，(B.8), (B.9) から

(B.11) $$\frac{1}{2\pi}\sum_{n=-\infty}^{\infty} \tilde{g}(n) = \sum_{l=-\infty}^{\infty} g(2\pi l)$$

を得る．(B.11) も**ポアソン和則**と呼ばれる．

例題 $g(x) = e^{-\frac{1}{4\beta}x^2} e^{ikx}$ ととると (B.8) 式から，ガウス積分後に

(B.12) $\quad \dfrac{\sqrt{4\pi\beta}}{2\pi} \sum_{m=-\infty}^{\infty} e^{-\beta(k-m)^2} = \sum_{l=-\infty}^{\infty} e^{-\frac{\pi^2}{\beta}l^2} e^{i2\pi lk}$

が得られることを示せ．

［**解**］ $g(x) = e^{-\frac{1}{4\beta}x^2 + ikx}$ ととると (B.8) の左辺に現れる積分は

$$\int_{-\infty}^{\infty} g(x) e^{inx} dx = \int_{-\infty}^{\infty} e^{-\frac{1}{4\beta}x^2 + i(k+n)x} dx$$

となる．被積分関数の指数は

$$-\frac{1}{4\beta}\{x^2 - i4\beta(k+n)x - 4\beta^2(k+n)^2 + 4\beta^2(k+n)^2\}$$

$$= -\frac{1}{4\beta}\{x - i2\beta(k+n)\}^2 - \beta(k+n)^2$$

とできるから，x についての積分はガウス積分となり

$$\sqrt{4\pi\beta}\, e^{-\beta(k+n)^2} = \tilde{g}(n)$$

を与える．(B.8) の左辺は，$-\infty$ から ∞ までのすべての整数についての総和であるから，n を $-m$（整数）と書き換えても変わらないので

$$\frac{1}{2\pi} \sum_{m=-\infty}^{\infty} \sqrt{4\pi\beta}\, e^{-\beta(k-m)^2}. \qquad ①$$

一方，(B.8) の右辺は，

$$\sum_{l=-\infty}^{\infty} g(2\pi l) = \sum_{l=-\infty}^{\infty} e^{-\frac{\pi^2}{\beta}l^2 + i2\pi lk} \qquad ②$$

となり，①, ② から (B.12) を得る．　◇

この関係式 (B.12) は，そのフーリエ係数が整数 l についてガウス型の式 $e^{-\frac{\pi^2}{\beta}l^2}$ で与えられるような k の関数（もとの関数）は，k について周期的ガウス関数（周期 $= 1$）であることを示す．ただし，もとの関数の広がりはガウス関数の指数 β が決めるのに対し，フーリエ変換後のガウス関数の広がりは π^2/β が決めており，これらの係数は β について互いに逆数の形をしているのが特徴である．

$-\ln q = \dfrac{\pi^2}{\beta}$ とおくと

$$\text{(B.13)} \qquad \sum_{l=-\infty}^{\infty} e^{-\frac{\pi^2}{\beta}l^2} e^{i2\pi lk} = \sum_{l=-\infty}^{\infty} q^{l^2} y^l = \vartheta_3(k,\tau)$$

となる．ここで $q = e^{i\pi\tau}$, $y = e^{i2\pi k}$, $-i\tau = \pi/\beta$ とした．ϑ_3 は**楕円テータ関数**と呼ばれ，最近の弦理論，共形場の理論によく現れる保型関数の仲間である．

$k = 0$ のときを考える．

$$\text{(B.12) の右辺} = \vartheta_3(0,\tau) = \sum_{l=-\infty}^{\infty} (e^{i\pi\tau})^{l^2},$$

$$\text{(B.12) の左辺} = \sqrt{\frac{\beta}{\pi}} \sum_{m=-\infty}^{\infty} e^{-\beta m^2} = \sqrt{\frac{i}{\tau}} \sum_{m=-\infty}^{\infty} e^{-\frac{i\pi}{\tau}m^2}$$

$$= \sqrt{\frac{1}{-i\tau}} \vartheta_3\left(0, -\frac{1}{\tau}\right)$$

すなわち

$$\vartheta_3\left(0, -\frac{1}{\tau}\right) = \sqrt{-i\tau}\, \vartheta_3(0,\tau)$$

が満たされていることがわかった．ここで $\tau = i\pi/\beta$．このように保型関数は変数 l を m に変え，同時に τ を $-1/\tau$ に変えても基本的に変わらない（関数の前の比例因子 $\sqrt{-i\tau}$ を除き）という性質をもっており，これは β/π を逆数 π/β に変えることに対応している．このような性質は双対性と呼ばれている．

《参考》 $D_N(x)$ と似た性質をもつが周期的でない関数として

$$D(x,L) = \frac{1}{\pi} \frac{\sin Lx}{x}$$

がある ((7.7) 参照)．$D(0,L) = L/\pi$ で $L \to$ 大 において $D(x,L)$ は $x = 0$ に鋭いピークをもち，$L \to \infty$ の極限でディラックのデルタ関数 $\delta(x)$ を与える：

$$\lim_{L \to \infty} D(x,L) = \delta(x). \quad \diamond$$

付　録

● 三角関数と加法公式

$$\sin(\alpha \pm \beta) = \sin\alpha\cos\beta \pm \cos\alpha\sin\beta \quad (複号同順)$$

$$\cos(\alpha \pm \beta) = \cos\alpha\cos\beta \mp \sin\alpha\sin\beta \quad (複号同順)$$

$$\cos\alpha\cos\beta = \frac{1}{2}\{\cos(\alpha+\beta) + \cos(\alpha-\beta)\}$$

$$\sin\alpha\sin\beta = \frac{1}{2}\{\cos(\alpha-\beta) - \cos(\alpha+\beta)\}$$

$$\sin\alpha\cos\beta = \frac{1}{2}\{\sin(\alpha+\beta) + \sin(\alpha-\beta)\}$$

$$\sin\alpha + \sin\beta = 2\sin\frac{\alpha+\beta}{2}\cos\frac{\alpha-\beta}{2}$$

$$\sin\alpha - \sin\beta = 2\sin\frac{\alpha-\beta}{2}\cos\frac{\alpha+\beta}{2}$$

$$\cos\alpha + \cos\beta = 2\cos\frac{\alpha+\beta}{2}\cos\frac{\alpha-\beta}{2}$$

$$\cos\alpha - \cos\beta = -2\sin\frac{\alpha+\beta}{2}\sin\frac{\alpha-\beta}{2}$$

$$\sin 2\alpha = 2\sin\alpha\cos\alpha$$

$$\cos 2\alpha = \cos^2\alpha - \sin^2\alpha = 2\cos^2\alpha - 1 = 1 - 2\sin^2\alpha$$

$$\sin^2\alpha = \frac{1}{2}(1 - \cos 2\alpha), \qquad \cos^2\alpha = \frac{1}{2}(1 + \cos 2\alpha)$$

$$\sin^2\alpha + \cos^2\alpha = 1$$

$$e^{i\alpha} = \cos\alpha + i\sin\alpha \quad (i = \sqrt{-1})$$

$$\cos\alpha = \frac{1}{2}(e^{i\alpha} + e^{-i\alpha}), \qquad \sin\alpha = \frac{1}{2i}(e^{i\alpha} - e^{-i\alpha})$$

● 双曲線関数と加法公式

cosh はハイパボリックコサイン，sinh はハイパボリックサインと読む．

$$\sinh \alpha = \frac{1}{2}(e^{\alpha} - e^{-\alpha}), \qquad \cosh \alpha = \frac{1}{2}(e^{\alpha} + e^{-\alpha})$$

$\sinh(\alpha \pm \beta) = \sinh \alpha \cosh \beta \pm \cosh \alpha \sinh \beta$ （複号同順）

$\cosh(\alpha \pm \beta) = \cosh \alpha \cosh \beta \pm \sinh \alpha \sinh \beta$ （複号同順）

● ギリシャ文字

読み	大文字	小文字	英語綴り
アルファ	A	α	alpha
ベータ	B	β	beta
ガンマ	Γ	γ	gamma
デルタ	Δ	δ, ∂	delta
イプシロン	E	ϵ, ε	epsilon
ゼータ，ツェータ	Z	ζ	zeta
イータ，エータ	H	η	eta
テータ，シータ	Θ	θ, ϑ	theta
イオタ	I	ι	iota
カッパ	K	κ	kappa
ラムダ	Λ	λ	lambda
ミュー	M	μ	mu
ニュー	N	ν	nu
グザイ，クシー	Ξ	ξ	xi
オミクロン	O	o	omicron
パイ	Π	π	pi
ロー	P	ρ	rho
シグマ	Σ	σ	sigma
タウ	T	τ	tau
ウプシロン	Υ	υ	upsilon
ファイ	Φ	ϕ, φ	phi
カイ	X	χ	chi
プサイ	Ψ	ψ, ϕ	psi
オメガ	Ω	ω	omega

お わ り に

　この本を書くにあたって参考にさせていただいた本を以下に挙げる．著者も日頃からフーリエ解析は使っているつもりであったが，いざ本を書こうとすると実はなかなか難しいことが分かってきたというのが偽らざるところである．

[1]　大石進一：フーリエ解析(理工系の数学入門コース6)，岩波書店(1989)
[2]　福田礼次郎：フーリエ解析(理工系の基礎数学6)，岩波書店(1997)
[3]　江沢 洋：理工学者が書いた数学の本 フーリエ解析，講談社(1987)
[4]　船越満明：キーポイント フーリエ解析，岩波書店(1997)
[5]　木村英紀：Fourier‐Laplace解析(岩波講座 応用数学)，岩波書店(1993)
[6]　M. R. スピーゲル(中野 實 訳)：フーリエ解析(マグロウヒル大学演習)，オーム社(1995)
[7]　吉田耕作，加藤敏夫：応用数学Ⅰ(大学演習)，裳華房(1961)
[8]　高木貞治：解析概論，岩波書店(1983)
[9]　G. B. Arfken and H. J. Weber：Mathematical Methods for Physicists, Academic Press(2001, Fifth Edition)
[10]　J. Mathews and R. L. Walker：Mathematical Methods of Physics, W. A. Benjamin(1973)

　標準的でよい参考書として [1]，これよりやや程度が高いがよりくわしく理解したい人は [2]，独特のスタイルで詳しく書かれたものとして [3]，工学よりの本として [4] (ただしラプラス変換は含まない)，短いが理解を助けるために [5]，演習を通して理解するために [6] (ただしラプラス変換は

含まない），より程度が高いが基礎について分からないところを調べるためには [7], [8]．学部専門課程から大学院博士前後期課程を通して役に立つ本として [9], [10]．

　本書で扱った物理の問題について分かりやすい説明があるものとして挙げれば

[11]　原 康夫：物理学通論 I , II, 学術図書出版社(1988)

練習問題の解答とヒント

練習問題 1

1. 2ページと3ページの図の関数はともに区分的に連続である．2ページの図の関数は有限な連続関数であり，3ページの図の関数は有限個(1周期に1つ)の不連続点をもつが，関数値はこの区間で有限(有界ともいう)である．

2. (i) n を整数とする．三角関数の周期 2π にわたる積分は
$$\int_{-\pi}^{\pi} \sin nx \, dx = \left[-\frac{1}{n} \cos nx\right]_{-\pi}^{\pi} = 0, \quad \int_{-\pi}^{\pi} \cos nx \, dx = \left[\frac{1}{n} \sin nx\right]_{-\pi}^{\pi} = 0$$
$$(n \neq 0),$$
$$\int_{-\pi}^{\pi} \cos nx \, dx = 2\pi \quad (n = 0).$$

次に，積から和の公式：
$$\begin{cases} \cos mx \cos nx = \dfrac{1}{2}\{\cos(m+n)x + \cos(m-n)x\}, \\ \sin mx \sin nx = \dfrac{1}{2}\{\cos(m-n)x - \cos(m+n)x\}, \\ \cos mx \sin nx = \dfrac{1}{2}\{\sin(n+m)x + \sin(n-m)x\} \end{cases}$$

についての周期 2π にわたる積分は，$m > 0$，$n > 0$ なので，積分がゼロでなくなるのは，右辺において cos を含む場合で $m - n = 0$ のときのみ．

(ii) $\dfrac{1}{\pi}\int_{-\pi}^{\pi} f(x) \cdot 1 \, dx = \dfrac{1}{\pi}\int_{-\pi}^{\pi} \left\{\dfrac{a_0}{2} + \sum_{m=1}^{\infty}(a_m \cos mx + b_m \sin mx)\right\} dx = a_0,$

$\dfrac{1}{\pi}\int_{-\pi}^{\pi} f(x) \cos nx \, dx = \dfrac{1}{\pi}\int_{-\pi}^{\pi} \left\{\dfrac{a_0}{2} + \sum_{m=1}^{\infty}(a_m \cos mx + b_m \sin mx)\right\} \cos nx \, dx$

$\qquad\qquad = \sum_{m=1}^{\infty} a_m \delta_{mn} = a_n \quad (n \neq 0),$

$\dfrac{1}{\pi}\int_{-\pi}^{\pi} f(x) \sin nx \, dx = \dfrac{1}{\pi}\int_{-\pi}^{\pi} \left\{\dfrac{a_0}{2} + \sum_{m=1}^{\infty}(a_m \cos mx + b_m \sin mx)\right\} \sin nx \, dx$

$\qquad\qquad = \sum_{m=1}^{\infty} b_m \delta_{mn} = b_n \quad (n \neq 0).$

3. グラフは次のページの図の様になる．(1)と(2)の式はそれぞれ $f(x) = x$ と $f(x) = x^2$ のフーリエ展開の最初の3項である．

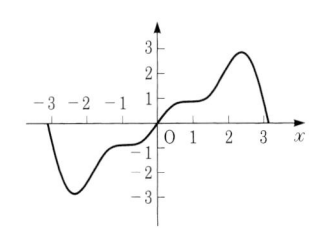

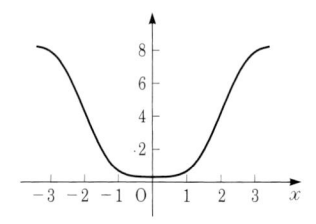

4. 倍角公式を用いる. $\cos^2 x = (1+\cos 2x)/2$ から $a_0 = 1$, $a_2 = 1/2$, 他はゼロ.
$\sin^2 x = (1-\cos 2x)/2$ から $a_0 = 1$, $a_2 = -1/2$, 他はゼロ.
$\sin x \cos x = (\sin 2x)/2$ から $b_2 = 1/2$, 他はゼロ.

5. $(e^{ix})^* = (\cos x + i \sin x)^* = \cos x - i \sin x = e^{-ix}$.

6. (1) $f'(x) = \dfrac{1}{1+x}$, $f''(x) = \dfrac{-1}{(1+x)^2}$, $f'''(x) = \dfrac{(-1)(-2)}{(1+x)^3}$, $\cdots$, $f^{(n)}(x) = \dfrac{(-1)^{n-1}(n-1)!}{(1+x)^n}$ だから, $f(0) = \ln 1 = 0$, $f'(0) = 1$, $f''(0) = -1$, $f'''(0) = 2!$, $f^{(4)}(0) = -3!$ となる.

$$f(x) = \ln(1+x) = x - \frac{x^2}{2} + \frac{x^3}{3} - \frac{x^4}{4} + \cdots.$$

(2) $f(x) = (1+x)^{\frac{1}{2}}$, $f'(x) = \left(\dfrac{1}{2}\right)(1+x)^{-\frac{1}{2}}$, $f''(x) = \left(\dfrac{1}{2}\right)\left(\dfrac{-1}{2}\right)(1+x)^{-\frac{3}{2}}$, $f'''(x) = \left(\dfrac{1}{2}\right)\left(\dfrac{-1}{2}\right)\left(\dfrac{-3}{2}\right)(1+x)^{-\frac{5}{2}}$ だから,

$$f(x) = \sqrt{1+x} = 1 + \frac{x}{2} - \frac{x^2}{8} + \frac{x^3}{16} - \cdots.$$

練習問題 2

1. 例題 1.2 の, $x^2 = \dfrac{\pi^2}{3} + \sum_{n=1}^{\infty} \dfrac{4(-1)^n}{n^2} \cos nx$ において $x = \pi$ とおく.

$\pi^2 = \dfrac{\pi^2}{3} + \sum_{n=1}^{\infty} \dfrac{4(-1)^n(-1)^n}{n^2}$ より $4 \sum_{n=1}^{\infty} \dfrac{1}{n^2} = \dfrac{2\pi^2}{3}$ $\therefore$ $\sum_{n=1}^{\infty} \dfrac{1}{n^2} = \dfrac{\pi^2}{6}$.

2. 奇関数の対称な領域($x = -\pi$ から $x = \pi$ のような)での積分はゼロである.

(1) $f_E(x) \sin nx$ は奇関数だから, $b_n = \displaystyle\int_{-\pi}^{\pi} f_E(x) \sin nx \, dx = 0$.

(2) $f_O(x) \cos nx$ は奇関数だから, $a_n = \displaystyle\int_{-\pi}^{\pi} f_O(x) \cos nx \, dx = 0$.

3.
$$\frac{1}{1+x^2} = 1 - x^2 + x^4 - x^6 + \cdots \quad (|x| < 1).$$

$x = \tan y$ とおくと例題 2.2 により，
$$\int^x \frac{dx}{1+x^2} = \int^y dy = y = \tan^{-1} x$$

となる．左辺の積分を実行して，証明したい式を得る．

4. 例題 2.3 のフーリエ余弦展開の式において $x=0$ とおくと
$$0 = \frac{\pi}{2} - \frac{4}{\pi}\left(\frac{1}{1^2} + \frac{1}{3^2} + \frac{1}{5^2} + \cdots\right).$$

5. （i） フーリエ余弦展開の場合は
$$a_0 = \frac{2}{\pi}\int_0^\pi (\pi x - x^2)\,dx = \frac{2}{\pi}\left(\frac{\pi^3}{2} - \frac{\pi^3}{3}\right) = \frac{\pi^2}{3},$$
$$a_n = \frac{2}{\pi}\int_0^\pi (\pi x - x^2)\cos nx\,dx = -\frac{2}{n^2}\{1 + (-1)^n\}$$

より $f(x) = x(\pi - x)$ のフーリエ余弦展開は
$$\frac{\pi^2}{6} - 4\left(\frac{\cos 2x}{2^2} + \frac{\cos 4x}{4^2} + \frac{\cos 6x}{6^2} + \cdots\right).$$

（ii） フーリエ正弦展開の場合は
$$b_n = \frac{2}{\pi}\int_0^\pi x(\pi - x)\sin nx\,dx = \frac{4}{\pi n^3}\{1 - (-1)^n\} = \begin{cases} 0 & (n = \text{偶数}) \\ \dfrac{8}{\pi n^3} & (n = \text{奇数}) \end{cases}$$

より $f(x) = x(\pi - x)$ のフーリエ正弦展開は
$$\frac{8}{\pi}\left(\frac{\sin x}{1^3} + \frac{\sin 3x}{3^3} + \frac{\sin 5x}{5^3} + \cdots\right).$$

6. $0 < c < 2\pi$ とする．
$$\int_{-\pi+c}^{\pi+c} f(x)\,dx = \int_{-\pi+c}^{\pi} f(x)\,dx + \int_{\pi}^{\pi+c} f(x)\,dx = \int_{-\pi+c}^{\pi} f(x)\,dx + \int_{-\pi}^{-\pi+c} f(x'+2\pi)\,dx'$$
$$= \int_{-\pi+c}^{\pi} f(x)\,dx + \int_{-\pi}^{-\pi+c} f(x')\,dx' = \int_{-\pi}^{\pi} f(x)\,dx$$

となる．これ以外の c についても同様に示せる．

練習問題 3

1. 例題 1.2 から $a_0 = \dfrac{2\pi^2}{3}$，$a_n = \dfrac{4(-1)^n}{n^2}$（$n \neq 0$），$b_n = 0$（$n \neq 0$）である．
$$\int_{-\pi}^{\pi} x^4\,dx = \frac{2\pi^5}{5}, \qquad \pi\left\{\frac{1}{2}\left(\frac{2\pi^2}{3}\right)^2 + \sum_{n=1}^{\infty}\frac{16}{n^4}\right\} = \pi\left\{\frac{2\pi^4}{9} + 16\sum_{n=1}^{\infty}\frac{1}{n^4}\right\}$$

から，パーセバルの等式 (3.17) により
$$\frac{2\pi^5}{5} = \pi \left\{ \frac{2\pi^4}{9} + 16 \sum_{n=1}^{\infty} \frac{1}{n^4} \right\} \qquad \therefore \ \sum_{n=1}^{\infty} \frac{1}{n^4} = \frac{\pi^4}{90}.$$

2. 等比級数により
$$I = \int_0^{\infty} x^3 e^{-x}(1 + e^{-x} + e^{-2x} + \cdots) \, dx = \sum_{n=1}^{\infty} J(n)$$
と書ける．ここで，$J(n) = \int_0^{\infty} x^3 e^{-nx} \, dx$ ($n = 1, 2, \cdots$)．$K(n) = \int_0^{\infty} e^{-nx} \, dx = \frac{1}{n}$ を n について 3 回微分して $J(n) = (-1)^3 \frac{d^3 K(n)}{dn^3} = \frac{3!}{n^4}$ となる．したがって，$I = 3! \sum_{n=1}^{\infty} \frac{1}{n^4} = 3! \, \zeta(4)$．

3.
$$I_F = \int_0^{\infty} \frac{x^3}{e^x + 1} \, dx = \int_0^{\infty} x^3 e^{-x}(1 - e^{-x} + e^{-2x} - e^{-3x} + \cdots) \, dx$$
$$= \int_0^{\infty} x^3 (e^{-x} - e^{-2x} + e^{-3x} - e^{-4x} + \cdots) \, dx$$
$$= \int_0^{\infty} x^3 (e^{-x} + e^{-2x} + e^{-3x} + e^{-4x} + \cdots) \, dx$$
$$\qquad - 2 \int_0^{\infty} x^3 (e^{-2x} + e^{-4x} + e^{-6x} + \cdots) \, dx.$$

$\int_0^{\infty} x^3 e^{-nx} \, dx = \frac{3!}{n^4}$ で $n \to 2n$ と置き換えると $\int_0^{\infty} x^3 e^{-2nx} \, dx = \frac{3!}{2^4} \frac{1}{n^4}$．よって
$$2 \int_0^{\infty} x^3 e^{-2nx} \, dx = \frac{3!}{2^3} \frac{1}{n^4}$$
が得られる．これにより求める等式が得られる．I_F は前問の I に比べ統計因子 7/8 が掛かっていることに注意．

練習問題 4

1. $\dfrac{1}{2\pi} \int_{-\pi}^{\pi} e^{-inx} \sum_{m=-\infty}^{\infty} c_m e^{imx} \, dx = \sum_{m=-\infty}^{\infty} c_m \dfrac{1}{2\pi} \int_{-\pi}^{\pi} e^{-inx} e^{imx} \, dx = \sum_{m=-\infty}^{\infty} c_m (e^{inx}, e^{imx})$
$= \sum_{m=-\infty}^{\infty} c_m \delta_{nm} = c_n$．

2. $f(x) = g(x)$ から $0 = f(x) - g(x) = \sum_n (c_n - d_n) e^{inx}$．一方，0 の展開係数 $c_n - d_n$ は，(4.8) から
$$c_n - d_n = \frac{1}{2\pi} \int_{-\pi}^{\pi} 0 \cdot e^{-inx} \, dx = 0 \qquad (\text{すべての } n \text{ について})$$
となる．よって $c_n = d_n$ (すべての n)．

3. $\cos x = (e^{ix} + e^{-ix})/2 = (q + q^{-1})/2$. ここで $q = e^{ix}$ とした.
$$1 - t(q + q^{-1}) + t^2 = (1 - tq)(1 - tq^{-1})$$
から

$$(*) \quad \frac{1 - t^2}{1 - t(q + q^{-1}) + t^2} = -1 + \frac{2 - tq - tq^{-1}}{(1 - tq)(1 - tq^{-1})}$$
$$= -1 + \frac{1}{1 - tq^{-1}} + \frac{1}{1 - tq}$$
$$= -1 + \{1 + tq^{-1} + (tq^{-1})^2 + \cdots\}$$
$$\quad + \{1 + tq + (tq)^2 + \cdots\}$$
$$= \cdots + (tq^{-1})^2 + tq^{-1} + 1 + tq + (tq)^2 + \cdots$$
$$= \sum_{n=-\infty}^{\infty} t^{|n|} q^n = \sum_{n=-\infty}^{\infty} t^{|n|} e^{inx}$$
$$= 1 + 2 \sum_{n=1}^{\infty} t^n \cos nx$$

《補足》 2変数 s, t の関数 $F(s, t)$ が次のように t についてべき展開されるとする:
$$F(s, t) = T_0(s) + 2 \sum_{n=1}^{\infty} t^n T_n(s).$$
このとき $F(s, t)$ は,「t^n の展開係数に現れる関数 $T_n(s)$ の母関数である」という. ここで関数 $F(s, t)$ を, $s \equiv \cos x$ として, 上の問の $f(x)$ をもとに
$$F(s, t) = \frac{1 - t^2}{1 - 2st + t^2}$$
と与えたとき, $T_n(s)$ は**チェビシェフ多項式**(s についての n 次多項式)と呼ばれる. したがって, $F(s, t)$ はチェビシェフ多項式の母関数である. 具体的には (*) から $T_n(s) = \cos nx = $ (s の n 次多項式) であることがわかる:
$$T_0(s) = 1, \quad T_1(s) = \cos x = s, \quad T_2(s) = \cos 2x = 2s^2 - 1, \quad \cdots.$$

練習問題 5

1.

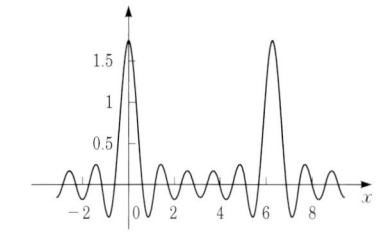

2. $e^{-iNx} + e^{-i(N-1)x} + \cdots + 1 + \cdots + e^{i(N-1)x} + e^{iNx}$

$= e^{-iNx}(1 + e^{ix} + e^{i2x} + \cdots + e^{i2Nx}) = e^{-iNx}\dfrac{e^{i(2N+1)x} - 1}{e^{ix} - 1}$

$= \dfrac{e^{i(N+1/2)x} - e^{-i(N+1/2)x}}{e^{ix/2} - e^{-ix/2}} = \dfrac{\sin(N + 1/2)x}{\sin x/2}$

3. 式 (5.10) の第 2 式と第 3 式を $-\pi$ から π まで積分すれば求める式が示される．

練習問題 6

1. $x = \pi y/L$ だから，
$$g(y + 2L) = f\Big(\dfrac{\pi}{L}(y + 2L)\Big) = f\Big(\dfrac{\pi}{L}y + 2\pi\Big) = f(x + 2\pi) = f(x) = g(y).$$
（$\because f$ は周期 2π：$f(x + 2\pi) = f(x)$）

2. $\dfrac{1}{2\pi}\displaystyle\int_{-\infty}^{\infty}\tilde{g}_1(k)\,\tilde{g}_2(k)\,e^{ikx}\,dk$

$= \dfrac{1}{2\pi}\displaystyle\int_{-\infty}^{\infty}\Big(\int_{-\infty}^{\infty}g_1(y)\,e^{-iky}\,dy\int_{-\infty}^{\infty}g_2(y')\,e^{-iky'}\,dy'\Big)e^{ikx}\,dk$

$= \displaystyle\int_{-\infty}^{\infty}g_1(y)g_2(y')\Big(\dfrac{1}{2\pi}\int_{-\infty}^{\infty}e^{ik(x-y-y')}\,dk\Big)dy'dy$

$= \displaystyle\int_{-\infty}^{\infty}g_1(y)g_2(y')\,\delta(x - y - y')\,dy'dy$

$= \displaystyle\int_{-\infty}^{\infty}g_1(y)\,g_2(x - y)\,dy = g_1 * g_2(x).$

3. $g_2 * g_1(x) = \displaystyle\int_{-\infty}^{\infty}g_2(y)\,g_1(x - y)\,dy$ 　　（$x - y = u$ とおく）

$= \displaystyle\int_{\infty}^{-\infty}g_2(x - u)g_1(u)(-du) = \int_{-\infty}^{\infty}g_1(u)g_2(x - u)\,du$

$= g_1 * g_2(x).$

4. $(g_1 * g_2) * g_3(x) = \displaystyle\int_{-\infty}^{\infty}(g_1 * g_2)(y)\,g_3(x - y)\,dy$

$= \displaystyle\int_{-\infty}^{\infty}\Big(\int_{-\infty}^{\infty}g_1(u)g_2(y - u)\,du\Big)g_3(x - y)\,dy.$

y, u の積分順序を変え，y の代わりに t を $y - u = t$ として導入．$dy = dt$，$x - y = x - u - (y - u) = x - u - t$ により

$= \displaystyle\int_{-\infty}^{\infty}g_1(u)\Big(\int_{-\infty}^{\infty}g_2(t)g_3(x - u - t)\,dt\Big)du$

$= \displaystyle\int_{-\infty}^{\infty}g_1(u)\,g_2 * g_3(x - u)\,du = g_1 * (g_2 * g_3)(x).$

練習問題 7

1.
$$\int_{-\infty}^{\infty}|f(x)|^2\,dx = \int_{-\infty}^{\infty} f^*(x)f(x)\,dx$$
$$= \int_{-\infty}^{\infty}\Bigl(\frac{1}{2\pi}\int_{-\infty}^{\infty}\tilde{f}^*(k)\,e^{-ikx}\,dk\Bigr)\Bigl(\frac{1}{2\pi}\int_{-\infty}^{\infty}\tilde{f}(k')\,e^{ik'x}\,dk'\Bigr)dx$$

積分の順序を変えて x についての積分を先に実行すると，(7.13), (7.14) を使って，

$$= \frac{1}{(2\pi)^2}\int_{-\infty}^{\infty}\int_{-\infty}^{\infty}\tilde{f}^*(k)\,\tilde{f}(k')\,2\pi\,\delta(k-k')\,dkdk'$$
$$= \frac{1}{2\pi}\int_{-\infty}^{\infty}\tilde{f}^*(k)\,\tilde{f}(k)\,dk = \frac{1}{2\pi}\int_{-\infty}^{\infty}|\tilde{f}(k)|^2\,dk\,.$$

2. $f(x)$ は偶関数だから，
$$\tilde{f}(k) = \int_{-\infty}^{\infty} f(x)\,e^{-ikx}\,dx = 2\int_0^1 (-x+1)\cos kx\,dx\,.$$

$\int_0^1 x\cos kx\,dx = \dfrac{\sin k}{k} + \dfrac{1}{k^2}(\cos k - 1)$, $\int_0^1 \cos kx\,dx = \dfrac{\sin k}{k}$ により，

$$\tilde{f}(k) = \frac{2}{k^2}(1 - \cos k)\,.$$

3.
$$\int_{-\infty}^{\infty} f(x)^2\,dx = 2\int_0^1 (-x+1)^2\,dx = \frac{2}{3},$$
$$\frac{1}{2\pi}\int_{-\infty}^{\infty}\tilde{f}(k)^2\,dk = \frac{1}{2\pi}\int_{-\infty}^{\infty}\Bigl(\frac{4\sin^2(k/2)}{k^2}\Bigr)^2 dk = \frac{1}{\pi}\int_{-\infty}^{\infty}\frac{\sin^4 t}{t^4}\,dt\,.$$

したがって，パーセバルの等式 (6.25) から求める式を得る．（上の2式では $f, \tilde{f}$ が実数値関数であるため，絶対値記号は付けていない．）

4. $\tilde{f}(k) = \int_{-\infty}^{\infty} f(x)\,e^{-ikx}\,dx = 2\int_0^L \cos kx\,dx = \dfrac{2}{k}\sin kL\,.$

5. 前問のフーリエ変換を利用する．
$$\int_{-\infty}^{\infty} f(x)^2\,dx = 2L, \qquad \frac{1}{2\pi}\int_{-\infty}^{\infty}\tilde{f}(k)^2\,dk = \frac{2}{\pi}\int_{-\infty}^{\infty}\frac{\sin^2 kL}{k^2}\,dk\,.$$

パーセバルの等式より，$\int_{-\infty}^{\infty}\dfrac{\sin^2 kL}{k^2}\,dk = \pi L$．$t = kL$ として第2の式を得る．

練習問題 8

1. $\delta(\omega^2 - a^2) = \dfrac{1}{2a}\{\delta(\omega - a) + \delta(\omega + a)\}$ であるから，
$$\int_{-\infty}^{\infty} e^{-i\omega t}\delta(\omega^2 - a^2)\,d\omega = \frac{e^{-iat}}{2a} + \frac{e^{iat}}{2a} = \frac{1}{a}\cos at\,.$$

2. $\delta(k) = \dfrac{1}{2\pi} \displaystyle\int_{-\infty}^{\infty} e^{-ikx} \, dx$ の両辺を k で微分する.

3. $f(x) = \dfrac{1}{2\pi} \displaystyle\int_{-\infty}^{\infty} e^{ikx} \tilde{f}(k) \, dk$ の両辺を x で微分すると

$$\frac{df(x)}{dx} = \frac{1}{2\pi} \int_{-\infty}^{\infty} e^{ikx} \, ik \, \tilde{f}(k) \, dk.$$

したがって $\dfrac{df(x)}{dx}$ のフーリエ変換は $ik\,\tilde{f}(k)$ である.

4. 前問の結果を x で微分する. $\dfrac{d^2 f(x)}{dx^2}$ のフーリエ変換は $(ik)^2 \tilde{f}(k) = -k^2 \tilde{f}(k)$ であることがわかる.

練習問題 9

1. $Z(a, b)$ を b で偏微分して

$$\int_{-\infty}^{\infty} x^n \, e^{-ax^2+bx} \, dx = \frac{\partial^n Z(a,b)}{\partial b^n}. \qquad \therefore \int_{-\infty}^{\infty} x^n \, e^{-ax^2} \, dx = \left[\frac{\partial^n Z(a,b)}{\partial b^n}\right]_{b=0}.$$

2. ガウス積分により $Z(a,b) = \sqrt{\dfrac{\pi}{a}} \, e^{\frac{b^2}{4a}}$ だから

$$\frac{\partial Z(a,b)}{\partial b} = \frac{b}{2a} \sqrt{\frac{\pi}{a}} \, e^{\frac{b^2}{4a}}, \qquad \frac{\partial^2 Z(a,b)}{\partial b^2} = \left(\frac{b}{2a}\right)^2 \sqrt{\frac{\pi}{a}} \, e^{\frac{b^2}{4a}} + \frac{1}{2a} \sqrt{\frac{\pi}{a}} \, e^{\frac{b^2}{4a}}.$$

したがって,

$$\int_{-\infty}^{\infty} x \, e^{-ax^2} \, dx = \left[\frac{\partial Z(a,b)}{\partial b}\right]_{b=0} = 0,$$

$$\int_{-\infty}^{\infty} x^2 \, e^{-ax^2} \, dx = \left[\frac{\partial^2 Z(a,b)}{\partial b^2}\right]_{b=0} = \frac{1}{2a}\sqrt{\frac{\pi}{a}}.$$

3. $\tilde{G}(\boldsymbol{k}) = \displaystyle\int_{-\infty}^{\infty} \frac{1}{4\pi} \frac{e^{-mr}}{r} e^{-i\boldsymbol{k}\cdot\boldsymbol{x}} \, d\boldsymbol{x}$ を求める. ここで $\boldsymbol{k}\cdot\boldsymbol{x} = k_x x + k_y y + k_z z$. $\boldsymbol{k}$ の方向を z-軸にとり, $\boldsymbol{x}$ を極座標で表すと $\boldsymbol{k}\cdot\boldsymbol{x} = kr\cos\theta$ となる. $t = \cos\theta$ と変数を置き換え, 体積要素が $d\boldsymbol{x} \equiv dx dy dz = \sin\theta \, d\theta \, d\phi \, r^2 \, dr = -r^2 \, dt d\phi dr$ となることを使う.

$\displaystyle\int_0^\pi \sin\theta \, d\theta = \int_{-1}^1 dt$ に注意して積分を

$$\frac{1}{4\pi} \int \frac{e^{-mr}}{r} e^{-ikrt} r^2 \, dt d\phi dr$$

と変形すると, 被積分関数が ϕ を含まないので $d\phi$ は直ちに実行できて 2π を与える.

$$\tilde{G}(\boldsymbol{k}) = \frac{2\pi}{4\pi} \int_0^\infty e^{-mr} r \Big(\int_{-1}^1 e^{-ikrt}\, dt \Big) dr$$

$$= \frac{1}{2} \int_0^\infty \Big[\frac{1}{-ikr} e^{-ikrt} \Big]_{t=-1}^1 e^{-mr} r\, dr = \frac{i}{2k} \int_0^\infty e^{-mr}(e^{-ikr} - e^{ikr})\, dr$$

$$= \frac{i}{2k}\Big(\frac{1}{m+ik} - \frac{1}{m-ik} \Big) = \frac{i}{2k} \frac{-2ik}{m^2+k^2} = \frac{1}{k^2+m^2}.$$

4.
$$\int_{-\infty}^\infty |f(x)|^2\, dx = N^2 \int_{-\infty}^\infty e^{-2ax^2}\, dx = N^2 \sqrt{\frac{\pi}{2a}}$$

の両辺を a で微分して

$$\int_{-\infty}^\infty x^2 |f(x)|^2\, dx = N^2 \int_{-\infty}^\infty x^2 e^{-2ax^2}\, dx = \frac{1}{4a} N^2 \sqrt{\frac{\pi}{2a}}$$

を得る．これから，

$$\langle x^2 \rangle = \frac{\int_{-\infty}^\infty x^2 |f(x)|^2\, dx}{\int_{-\infty}^\infty |f(x)|^2\, dx} = \frac{1}{4a}.$$

$\int_{-\infty}^\infty x|f(x)|^2\, dx$ は奇関数の積分だから $\langle x \rangle = 0$．同様に

$$\int_{-\infty}^\infty |\tilde{f}(k)|^2\, dk = N'^2 \int_{-\infty}^\infty e^{-k^2/2a}\, dk = N'^2 \sqrt{2a\pi}$$

の両辺を a で微分して

$$\int_{-\infty}^\infty k^2 |\tilde{f}(k)|^2\, dk = N'^2 \int_{-\infty}^\infty k^2 e^{-k^2/2a}\, dk = aN'^2 \sqrt{2a\pi}$$

を得る．これから，

$$\langle k^2 \rangle = \frac{\int_{-\infty}^\infty k^2 |\tilde{f}(k)|^2\, dk}{\int_{-\infty}^\infty |\tilde{f}(k)|^2\, dk} = a.$$

$\int_{-\infty}^\infty k|\tilde{f}(k)|^2\, dk$ は奇関数の積分だから $\langle k \rangle = 0$．

以上から，$(\Delta x)^2 = \langle x^2 \rangle - \langle x \rangle^2 = 1/4a$，$(\Delta k)^2 = \langle k^2 \rangle - \langle k \rangle^2 = a$．したがって，$\Delta x \Delta k = \sqrt{(1/4a)a} = 1/2$（$a$ によらない）が得られる．

《**参考**》 ガウス型波動関数から得られる不確定さの積は種々の波動関数から得られるもののうちで最小であることが知られている．

運動量は波数 k にプランク定数 h を掛けて $p = (h/2\pi)k$ で定義される．位置と運動量の不確定さの積は $\Delta x \Delta p = (h/2\pi)\Delta x \Delta k = (h/2\pi)/2$（$a$ によらない）となる．これは不確定性関係と呼ばれ量子論で最も基本的性質の 1 つを表す．すなわち位置と運動量をともにいくらでも正確に決めることは原理的に不可能であり，Δx をゼロにしようとすると Δp は無限大になり，Δp をゼロにしようとすると Δx は無限大になることを示す．

練習問題 10

1. $\tilde{f}(\omega) = \int_0^\infty e^{-i\omega t}(Ct+D)e^{-\gamma t}\,dt$ ($\gamma > 0$) である. $\int_0^\infty e^{-i\omega t}e^{-\gamma t}\,dt = \dfrac{-i}{\omega - i\gamma}$ を γ で微分すれば $\int_0^\infty e^{-i\omega t}\,t\,e^{-\gamma t}\,dt = -\dfrac{1}{(\omega-i\gamma)^2}$ となるから,

$$(*)\qquad \tilde{f}(\omega) = -\frac{C}{(\omega-i\gamma)^2} - \frac{iD}{\omega-i\gamma}$$

を得る.

2. $\dfrac{1}{2\pi}\int_{-\infty}^\infty e^{i\omega t}\dfrac{1}{(\omega-i\gamma)^2}\,d\omega$ を計算する.

$t > 0$ のとき, 上半円周を付け加えた積分路に沿った周回積分に等しい. $\omega = i\gamma$ に極があり, この極は閉積分路によって囲まれる. $\dfrac{1}{(\omega-i\gamma)^2}$ があるから, 「2位の極であり, コーシーの留数定理から積分は0である」と考えてはいけない. 積分中の $e^{i\omega t}$ を $i\gamma$ のまわりでテイラー展開すると,

$$e^{i\omega t} = e^{-\gamma t} + (\omega - i\gamma)\,i t\,e^{-\gamma t} + \cdots$$

となり, 第2項から求める積分への1位の極の寄与が生じる. この積分はコーシーの留数定理から $\dfrac{2\pi i}{2\pi} i t\,e^{-\gamma t} = -t\,e^{-\gamma t}$ となる. 前問の $(*)$ の $\tilde{f}(\omega)$ から求めた $f(t)$ は結局

$$f(t) = (Ct + D)\,e^{-\gamma t}$$

となる.

$t < 0$ では積分路は下半円周を付け加えたものと等しく, 閉積分路の寄与は内部に極をもたないので0となる.

したがって

$$f(t) = \begin{cases} (Ct+D)\,e^{-\gamma t} & (t > 0), \\ 0 & (t < 0) \end{cases}$$

が得られる. これは前問の出発点の関数である.

3. $\int_0^\infty e^{-i\omega t} e^{\kappa t - \gamma t}\,dt = \left[\dfrac{e^{-(\gamma-\kappa+i\omega)t}}{\kappa - \gamma - i\omega}\right]_{t=0}^\infty = \dfrac{1}{\gamma - \kappa + i\omega}$ ($\because \gamma > \kappa$),

$$\int_0^\infty e^{-i\omega t} e^{-\kappa t - \gamma t}\,dt = \frac{1}{\gamma + \kappa + i\omega}$$

などにより,

$$\tilde{f}(\omega) = \frac{-iA}{\omega - i\gamma + i\kappa} + \frac{-iB}{\omega - i\gamma - i\kappa}.$$

練習問題 11

1. $\dfrac{\partial f}{\partial x} = 2xy$, $\dfrac{\partial f}{\partial y} = x^2$.

2. $\dfrac{\partial f}{\partial x} = \cos x \cos y$, $\dfrac{\partial f}{\partial y} = -\sin x \sin y$.

3. $u(x,0)$ は偶関数だから，$b_n(0) = 0$（$n \neq 0$）である．また，$a_0(0) = \dfrac{4}{\pi}$, $a_n(0) = \dfrac{4}{\pi}\dfrac{(-1)^{n+1}}{4n^2-1}$（$n \neq 0$）だから，

$$u(x,t) = \dfrac{2}{\pi} + \dfrac{4}{\pi}\sum_{n=1}^{\infty}(-1)^{n+1}\dfrac{1}{4n^2-1}e^{-Dn^2\frac{\pi^2}{L^2}t}\cos\dfrac{n\pi}{L}x.$$

《参考》 $t = 0.3\dfrac{L^2}{\pi^2 D}$, $t = \dfrac{L^2}{\pi^2 D}$ での温度分布をグラフにすると下の図のようになる．$t \neq 0$ では $\sum_{n=1}^{\infty}$ を $\sum_{n=1}^{5}$ で近似した．最初一様でなかった温度分布が時間が経つとともに一様になっていく様子がわかる．

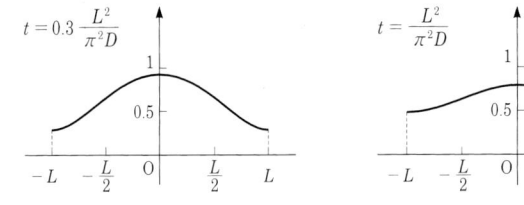

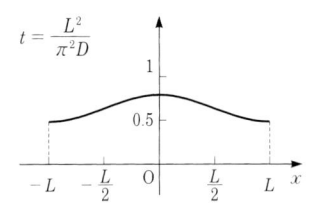

4. $\dot{u}(x,0) = 0$ だから $p_n = q_n$, $r_n = s_n$．$u(x,0)$ は奇関数だから $p_n = q_n = 0$（すべての n）．

$$r_n = s_n = \dfrac{1}{L}\int_0^L \sin\dfrac{n\pi}{L}x\left(\sin\dfrac{2\pi}{L}x + \sin\dfrac{4\pi}{L}x\right)dx = \dfrac{\delta_{n2}+\delta_{n4}}{2}.$$

δ_{n2} などはクロネッカーのデルタ記号である．$a_n(t) = 0$（すべての n）であり，

$$b_n(t) = 2r_n \cos\dfrac{cn\pi}{L}t = (\delta_{n2}+\delta_{n4})\cos\dfrac{cn\pi}{L}t$$

であるから，求める解は

$$u(x,t) = \sum_{n=1}^{\infty}b_n(t)\sin\dfrac{n\pi}{L}x = \cos\dfrac{2c\pi}{L}t\sin\dfrac{2\pi}{L}x + \cos\dfrac{4c\pi}{L}t\sin\dfrac{4\pi}{L}x.$$

これは時間，空間についての振動，すなわち波動を表す．

練習問題 12

1. （1） $F(s) = \int_0^\infty f(x)\, e^{-sx}\, dx = \int_0^\infty e^{-sx}\, dx = \dfrac{1}{s}$

（2） $F(s) = \int_0^\infty x\, e^{-sx}\, dx = \left(\, (1) \text{ に } -\dfrac{d}{ds} \text{ を掛ける}\, \right) = \dfrac{1}{s^2}$

（3） $F(s) = \int_0^\infty x^2\, e^{-sx}\, dx = \left(\, (2) \text{ に } -\dfrac{d}{ds} \text{ を掛ける}\, \right) = \dfrac{2!}{s^3}$

（4） $F(s) = \dfrac{n!}{s^{n+1}}$

（5） $F(s) = \int_0^\infty e^{ikx}\, e^{-sx}\, dx = \dfrac{1}{s-ik}$

（6） $F(s) = \dfrac{1}{s+ik}$

（7） $F(s) = \dfrac{1}{2}\left(\dfrac{1}{s-ik} + \dfrac{1}{s+ik}\right) = \dfrac{s}{s^2+k^2} \quad \left(\because \cos kx = \dfrac{e^{ikx}+e^{-ikx}}{2}\right)$

（8） $F(s) = \dfrac{1}{2i}\left(\dfrac{1}{s-ik} - \dfrac{1}{s+ik}\right) = \dfrac{k}{s^2+k^2} \quad \left(\because \sin kx = \dfrac{e^{ikx}-e^{-ikx}}{2i}\right)$

（9） 双曲線関数は $\cosh kx = \dfrac{1}{2}(e^{kx}+e^{-kx})$ だから，

$$F(s) = \dfrac{1}{2}\left(\dfrac{1}{s-k} + \dfrac{1}{s+k}\right) = \dfrac{s}{s^2-k^2}$$

（10） $\sinh kx = \dfrac{1}{2}(e^{kx}-e^{-kx})$ だから $F(s) = \dfrac{1}{2}\left(\dfrac{1}{s-k} - \dfrac{1}{s+k}\right) = \dfrac{k}{s^2-k^2}$

2. 例題 12.1 にならって考える．$f(x) = \dfrac{1}{2\pi i}\int_L F(s)\, e^{sx}\, ds$．$L$ として複素平面の虚軸に平行で実数部分が正である直線をとる．

（1） $\dfrac{1}{s} e^{sx}$ は $s=0$ に極をもつ．その留数は $\left[s\dfrac{1}{s}e^{sx}\right]_{s=0} = 1$ で与えられる．コーシーの留数定理により，$f(x) = 1$（$x>0$），$f(x) = 0$（$x<0$）．

（2） $\dfrac{1}{s^2}e^{sx}$ の留数は $\left[\dfrac{d}{ds}\left\{s^2\dfrac{1}{s^2}e^{sx}\right\}\right]_{s=0} = x$ で与えられる．$f(x) = x$（$x>0$），$f(x) = 0$（$x<0$）．

（3） $\dfrac{2!}{s^3}e^{sx}$ の留数は $\dfrac{1}{2!}\left[\left(\dfrac{d}{ds}\right)^2\left\{s^3\dfrac{2!}{s^3}e^{sx}\right\}\right]_{s=0} = x^2$ で与えられる．$f(x) = x^2$（$x>0$），$f(x) = 0$（$x<0$）．

（4） $\dfrac{n!}{s^{n+1}}e^{sx}$ の留数は $\dfrac{1}{n!}\left[\left(\dfrac{d}{ds}\right)^n\left\{s^{n+1}\dfrac{n!}{s^{n+1}}e^{sx}\right\}\right]_{s=0} = x^n$ で与えられる．$f(x) = x^n$（$x>0$），$f(x) = 0$（$x<0$）．

（5） $\dfrac{1}{s-ik}e^{sx}$ の $s=ik$ での留数は e^{ikx} で与えられる．$f(x)=e^{ikx}$ （$x>0$），$f(x)=0$ （$x<0$）．

（6） 同様に，$f(x)=e^{-ikx}$ （$x>0$），$f(x)=0$ （$x<0$）．

（7） 同様に，$f(x)=(e^{ikx}+e^{-ikx})/2=\cos kx$ （$x>0$），$f(x)=0$ （$x<0$）．

（8） 同様に，$f(x)=(e^{ikx}-e^{-ikx})/2i=\sin kx$ （$x>0$），$f(x)=0$ （$x<0$）．

（9） 同様に，$f(x)=(e^{kx}+e^{-kx})/2=\cosh kx$ （$x>0$），$f(x)=0$ （$x<0$）．

（10） 同様に，$f(x)=(e^{kx}-e^{-kx})/2=\sinh kx$ （$x>0$），$f(x)=0$ （$x<0$）．

3. 例題 12.4 により $a=-1/2$ のときを考えればよいから，$\displaystyle\int_0^\infty x^{-\frac{1}{2}}e^{-sx}\,dx=\dfrac{\varGamma(1/2)}{s^{1/2}}$ となるので，$F(s)=\dfrac{\varGamma(1/2)}{s^{1/2}}$，ここで $\varGamma(1/2)=\sqrt{\pi}$ である．

練習問題 13

1. $sF(s)-f(0)=-aF(s)$ $\therefore$ $F(s)=\dfrac{f(0)}{s+a}$．前節の結果を用いると逆変換により $f(x)=f(0)e^{-ax}$ （$x>0$）と解ける．

2. $\mathscr{L}[f]=F(s)$ と書く．
$$s^2F(s)-sf(0)-f'(0)=-\omega^2 F(s)-2\gamma\{sF(s)-f(0)\}.$$
ここで $f'(0)=\dfrac{df}{dx}\Big|_{x=0}$．したがって，与えられた微分方程式は，$F(s)$ についての代数方程式となり
$$(s^2+\omega^2+2\gamma s)F(s)=(s+2\gamma)f(0)+f'(0)$$
から
$$F(s)=\dfrac{(s+2\gamma)f(0)+f'(0)}{s^2+2\gamma s+\omega^2}.$$

3. （1） 左辺 $=\displaystyle\int_0^x f_1(x-x')f_2(x')\,dx'=-\int_x^0 f_1(y)f_2(x-y)\,dy$
$=\displaystyle\int_0^x f_2(x-y)f_1(y)\,dy=f_2*f_1=$ 右辺．

（2） $f_1*(f_2*f_3)=\displaystyle\int_0^x f_1(x-y)\Big(\int_0^y f_2(y-z)f_3(z)\,dz\Big)dy$
$=\displaystyle\int_0^x\Big(\int_0^y f_1(x-y)f_2(y-z)f_3(z)\,dz\Big)dy$
$=$ 〔次のページの図の陰影部分での積分〕

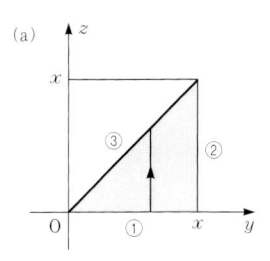

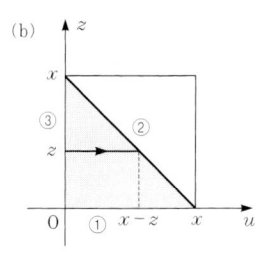

ここで $x > y > z > 0$ である．図（a）の陰影部分の境界を ①, ②, ③ とする．$y - z = u$ により (y, z) から (u, z) へ変数変換する．境界については，①：$z = 0$ は $z = 0$ に移される．②：$y = x$ は $u = x - z$ に移される．③：$y = z$ は $u = 0$ に移される．境界 ①, ②, ③ を uz-平面に図示した（図（b））．この領域における積分をまず u について 0 から $x - z$ まで積分し，z について 0 から x まで積分すると考えると，

$$f_1 * (f_2 * f_3) = \int_0^x \left\{ \int_0^{x-z} f_1(x - u - z) f_2(u) f_3(z) \, du \right\} dz$$
$$= \int_0^x \left\{ \int_0^{x-z} f_1(x - u - z) f_2(u) \, du \right\} f_3(z) \, dz = (f_1 * f_2) * f_3.$$

この証明は，形式的には，$\mathscr{L}[f_1 * f_2] = \mathscr{L}[f_1]\mathscr{L}[f_2] = \mathscr{L}[f_2]\mathscr{L}[f_1] = \mathscr{L}[f_2 * f_1]$ により，

$$\mathscr{L}[f_1 * (f_2 * f_3)] = \mathscr{L}[f_1]\mathscr{L}[f_2 * f_3] = \mathscr{L}[f_1]\mathscr{L}[f_2]\mathscr{L}[f_3]$$
$$= \mathscr{L}[f_1 * f_2]\mathscr{L}[f_3] = \mathscr{L}[(f_1 * f_2) * f_3]$$

と書けるので，これらのラプラス逆変換を考えると求める等式を得る．

4. $\mathscr{L}[f] = \dfrac{1}{b-a}\left(\dfrac{1}{s-b} - \dfrac{1}{s-a}\right) = \dfrac{1}{b-a} \dfrac{b-a}{(s-b)(s-a)} = \dfrac{1}{(s-a)(s-b)}.$

練習問題 14

1. $\dfrac{s}{s^2 + \omega^2} \dfrac{b}{(s+a)^2 + b^2} = \dfrac{A}{s+i\omega} + \dfrac{B}{s-i\omega} + \dfrac{C}{s+a+ib} + \dfrac{D}{s+a-ib}$ ①

と部分分数に展開する．係数は

$$A = \dfrac{b}{2\{(a-i\omega)^2 + b^2\}}, \qquad B = \dfrac{b}{2\{(a+i\omega)^2 + b^2\}},$$
$$C = \dfrac{a+ib}{2i\{(a+ib)^2 + \omega^2\}}, \qquad D = \dfrac{-a+ib}{2i\{(-a+ib)^2 + \omega^2\}}$$

となる．表 12.1 から ① の右辺のラプラス逆変換は

である．これは
$$Ae^{-i\omega t} + Be^{i\omega t} + Ce^{-at}e^{-ibt} + De^{-at}e^{ibt}$$

$$(A+B)\cos\omega t + (-A+B)i\sin\omega t + e^{-at}\{(C+D)\cos bt + (-C+D)i\sin bt\} \quad ②$$

となる．係数は
$$A+B = \frac{b(\omega_0^2 - \omega^2)}{(\omega_0^2 - \omega^2)^2 + 4a^2\omega^2}, \qquad -A+B = \frac{-2ia\omega b}{(\omega_0^2 - \omega^2)^2 + 4a^2\omega^2},$$

$$C+D = \frac{(\omega^2 - \omega_0^2)b}{(\omega_0^2 - \omega^2)^2 + 4a^2\omega^2}, \qquad -C+D = \frac{ia(\omega^2 + \omega_0^2)}{(\omega_0^2 - \omega^2)^2 + 4a^2\omega^2}.$$

ここで $\omega_0^2 = a^2 + b^2$．これにより ② はたたみこみの結果と一致する．

2. $\sqrt{(\omega_0^2 - \omega^2)^2 + 4a^2\omega^2} = \sqrt{g(\omega)}$ とおく．$g(\omega)$ の極小値をとる ω を求める．
$$\frac{dg(\omega)}{d\omega} = 4\omega(\omega^2 - \omega_0^2 + 2a^2)$$

であるから，極値は $\dfrac{dg(\omega)}{d\omega} = 0$ の点 $\omega_{R_2}^2 = \omega_0^2 - 2a^2$ によって与えられる：$\omega_{R_2} = \sqrt{\omega_0^2 - 2a^2}$．ただし $\omega_0^2 > 2a^2$ とする．下の増減表からわかるように $g(\omega)$ は $\omega = \omega_{R_2}$ となる点で極小となる．

ω	0		ω_{R_2}	
$g'(\omega)$	0	−	0	+
$g(\omega)$		↘	極小	↗

索引

ア

arctan（tan の逆関数） 14
位置　position　38
1 次結合　linear combination　19
一般解　general solution　71
インダクタンス　inductance　100

ウ

雨滴の落下　fall of rain drop　101
運動量　momentum　38
オイラーの公式　Euler's formula　8
温度　temperature　74
　——勾配——　gradient　74
　——分布——　distribution　76

カ

階段関数　step function　5, 56
回路　circuit　99, 100
ガウス型関数　Gaussian function　50, 58
ガウス積分　Gaussian integral　59
過減衰　over damping　73
過渡現象　transient phenomena　82
下半円周　lower half circle　40
完全系　complete system　18
完全性　completeness　18, 22
ガンマ関数　Gamma function　88

キ

奇関数　odd function　10
期待値　expectation value　60
基底　basis　3
基本ベクトル　basis vector　6
ギップスの現象　Gibbs' phenomena　104
逆関数　inverse function　14
強制振動　forced oscillator　71
共鳴　resonance　103
極　pole　41
極表示　polar form　26
極限値　value of limit　5
極座標　polar coordinate　58

ク

偶関数　even function　10
偶奇性　even-odd property　10
区分的になめらか　piecewise smooth　5
区分的に連続　piecewise continuous　5
グリーン関数　Green's function　63
グレゴリーの級数　Gregory's series　13
クロネッカーのデルタ記号　Kronecker's delta　4
クーロンポテンシャル　Coulomb potential　65

ケコ

結合則　associative law　43

索引

弦 string 77
減衰振動 damped oscillator 69
コイル coil 99
交換則 commutative law 42
光子 photon 25
コーシーの留数定理 Cauchy's residue theorem 41
固有振動数 characteristic frequency 69
コンデンサー condenser 99

サ シ

再現性 reproduction 30
三角関数 trigonometric function 2
指数関数 exponential function 27
自然対数 natural logarithm 9
射影 projection 19
収束性 convergence 24
自由落下 free fall 100
周期 period 2
—— 関数 periodic function 2
—— 性 periodicity 79
—— 的ガウス関数 periodic Gaussian function 110
—— 的デルタ関数 periodic delta function 109
—— の変更 change of period 36
主値 principal value 50
上半円周 upper half circle 40
常微分方程式 ordinary differential equation 68
初期条件 initial condition 75, 78

セ ソ

正規直交系 orthonormal system 18
正弦積分 sine integral 48, 106
斉次方程式 homogeneous equation 71
切断 cut 88
絶対可積分 absolutely integrable 42
ゼータ関数 zeta function 25
漸化式 recurrence formula 14
双対性 duality 111

タ

対称性 symmetry property 10
代数方程式 algebraic equation 63, 92, 97
楕円テータ関数 elliptic theta function 111
多価関数 multivalued function 88
たたみこみ convolution 42
（ラプラス変換での） 94
単位ベクトル unit vector 6
超関数 distribution 52
単振動 simple harmonic oscillation 68, 96

チ

中間子 meson 65
チェビシェフ多項式 Tschebyscheff Polynomial 120
張力 tension 77
直交関数系 orthogonal functions 27
直交関係 orthogonality 4

索引

直交規格条件　orthonormality condition　26

テ

抵抗　resistance　96
テイラー展開　Taylor expansion　8
ディラック　Dirac, P. A. M.　42, 45
ディリクレ積分核　Dirichlet integral kernel　31, 108
テスト関数　test function　52
デルタ関数　delta function　42, 45
電気容量　electric capacity　100

ト

特異性　singularity　88
特異点　singular point　41
特殊解　particular solution　71
とび　gap　12
とびとび　discrete　37

ナ　ニ　ネ

内積　inner product　6
2乗したものが可積分　square integrable　21
ニュートンの運動方程式　Newton's equation of motion　68
熱伝導方程式　diffusion equation　74
熱量　heat　74
ネピア数　Napier's number　8

ハ　ヒ

波数　wave number　38
波動関数　wave function　67
波動方程式　wave equation　77
パーセバルの等式　Parseval's equality　23, 43
バネ　spring　68
バネ定数（フックの定数）　Hooke's constant　68
速さ（波の伝わる）　velocity　77
非斉次方程式　inhomogeneous equation　71
左極限　left limit　30
微分演算子　differential operator　63

フ

フェルミ統計　Fermi statistics　25
不確定性　uncertainty　38, 60
複素共役　complex conjugate　9
複素数　complex number　9
複素平面　complex plane　41
複素フーリエ展開　Fourier expansion of complex valued functions　27
部分積分　partial integration　52
部分分数　partial fraction　39, 103
部分和（有限個の項の級数）　partial series　4, 12, 30, 105
フーリエ　Fourier
　——逆変換　—— inverse transformation　38
　——級数　—— series　3
　——係数　—— coefficient　3
　——正弦展開　—— sine expansion　16

索引

——展開 —— expansion 3
——変換 —— transformation 38
——余弦展開 —— cosine expansion 15
プランク定数 Planck's constant 61
不連続関数 discontinuous function 3

ヘ

閉曲線 closed curve 41
ベクトル vector 6
——空間 —— space 6
ベッセルの不等式 Bessel's inequality 20, 22
変位 displacement 77
変数変換 change of variables 58
変数分離 separation of variables 79
偏微分 partial derivative 74
偏微分方程式 partial differential equation 74

ホ

ポアソン和則 Poisson's summation formula 109
ボーズ統計 Bose statistics 25
母関数 generating function 120
保型関数 automorphic function 111

マ ミ ム

マクローリン展開 Maclaurin expansion 8

摩擦 friction 96
右極限 right limit 30
無限次元 infinite dimension 19
無限領域 infinite region 37

ユ

有限次元 finite dimension 19
湯川型ポテンシャル Yukawa potential 65
行き過ぎ overshoot 104

ラ リ

ラプラス逆変換 Laplace inverse transform 85
ラプラス変換 Laplace transform 82
積分の—— —— of integration 93
微分の—— —— of differentiation 92
リーマン・ルベッグの定理 Riemann-Lebesgue theorem 25, 33
留数 residue 41
量子力学 quantum mechanics 38
量子論 quantum theory 60
臨界減衰 critical damping 72

ル レ

累次積分 iterated integral 93
連続関数 continuous function 3
連続的 continuous 37

著者略歴

井町昌弘（いまち まさひろ）　1968年　名古屋大学大学院理学研究科博士課程修了
　　　　　　　　　　　　　　　　元　山形大学理学部教授，理学博士

内田伏一（うちだ ふいち）　1963年　東北大学大学院理学研究科修士課程修了
　　　　　　　　　　　　　　　山形大学名誉教授，理学博士

物理数学コース　フーリエ解析

検印省略

2001年10月 5日　第1版発行
2009年 2月20日　第5版発行
2018年 2月25日　第5版5刷発行

定価はカバーに表示してあります．

増刷表示について
2009年4月より「増刷」表示を「版」から「刷」に変更いたしました．詳しい表示基準は弊社ホームページ
http://www.shokabo.co.jp/
をご覧ください．

著作者　　井町昌弘
　　　　　内田伏一

発行者　　吉野和浩

発行所　　東京都千代田区四番町8-1
　　　　　電　話　(03)3262-9166〜9
　　　　　株式会社　裳華房

印刷製本　壮光舎印刷株式会社

社団法人
自然科学書協会会員

|JCOPY| 〈(社)出版者著作権管理機構 委託出版物〉
本書の無断複写は著作権法上での例外を除き禁じられています．複写される場合は，そのつど事前に，(社)出版者著作権管理機構(電話03-3513-6969，FAX03-3513-6979，e-mail:info@jcopy.or.jp)の許諾を得てください．

ISBN 978-4-7853-1527-6

© 井町昌弘，内田伏一，2001　　Printed in Japan

フーリエ解析へのアプローチ

長瀬道弘・齋藤誠慈 共著　A 5 判／164頁／定価（本体2300円＋税）

　物理や工学など応用を目的とした読者向けに，フーリエ解析の理論的基礎と偏微分方程式への応用を入門的に解説．応用で扱っている偏微分方程式は，熱方程式と波動方程式の混合問題で，変数分離法を用いたものに限った．
　『解説部』と『演習部』の２つに分け，解説部だけでもフーリエ解析の初歩を速習できるようにまとめた．
【主要目次】1．フーリエ級数　2．フーリエ級数の性質　3．フーリエ級数の偏微分方程式への応用　4．フーリエ変換　5．フーリエ積分・フーリエ変換の応用

理工系の数理　フーリエ解析＋偏微分方程式

藤原毅夫・栄 伸一郎 共著　A 5 判／212頁／定価（本体2500円＋税）

　数学を専門とする立場の者と数学を応用する立場の者が協同して，数学的正確さと応用を意識した内容を盛り込んだシリーズの１冊．
　本書は，量子力学に代表される物理現象に現れる偏微分方程式の解法を目標に執筆した大学３年生向け教科書・参考書である．解法手段として重要なフーリエ解析の概説とともに，解の評価手法にも言及した．
【主要目次】1．フーリエ級数　2．フーリエ変換とラプラス変換　3．物理現象と偏微分方程式　4．偏微分方程式と特性曲線　5．変数分離と固有値問題　6．スツルム・リュービル型固有値問題とその一般化　7．非線形偏微分方程式とその安定性

本質から理解する　数学的手法

荒木 修・齋藤智彦 共著　A 5 判／210頁／定価（本体2300円＋税）

　大学理工系の初学年で学ぶ基礎数学について，「学ぶことにどんな意味があるのか」「何が重要か」「本質は何か」「何の役に立つのか」という問題意識を常に持って考えるためのヒントや解答を記した．話の流れを重視した「読み物」風のスタイルで，直感に訴えるような図や絵を多用した．
【主要目次】1．基本の「き」　2．テイラー展開　3．多変数・ベクトル関数の微分　4．線積分・面積分・体積積分　5．ベクトル場の発散と回転　6．フーリエ級数・変換とラプラス変換　7．微分方程式　8．行列と線形代数　9．群論の初歩

大学初年級でマスターしたい　物理と工学の　ベーシック数学

河辺哲次 著　A 5 判／284頁／定価（本体2700円＋税）

【主要目次】1．高等学校で学んだ数学の復習　－活用できるツールは何でも使おう－　2．ベクトル　－現象をデッサンするツール－　3．微分　－ローカルな変化をみる顕微鏡－　4．積分　－グローバルな情報をみる望遠鏡－　5．微分方程式　－数学モデルをつくるツール－　6．2階常微分方程式　－振動現象を表現するツール－　7．偏微分方程式　－時空現象を表現するツール－　8．行列　－情報を整理・分析するツール－　9．ベクトル解析　－ベクトル場の現象を解析するツール－　10．フーリエ級数・フーリエ積分・フーリエ変換　－周期的な現象を分析するツール－

裳華房ホームページ　https://www.shokabo.co.jp/